"十二五"普通高等教育本科国家级规划教材

JIXIE ZHITU XITIJI

机械制图习题集

（第3版）

主 编
丁 一 罗远新

副主编
王永泉 钟宏民 张政武 汪 勇 张聆玲

重庆大学出版社

U1021439

内容提要

本习题集是与重庆大学丁一、罗远新主编的《机械制图》教材的配套用书，其内容编排与教材一致。本习题集共11章，内容包括制图基本知识、投影法基础、基本体及其体表面交线的投影、组合体、轴测图、机件常用表达方法、机械工程基础、标准件与常用件、零件图、装配图及其他图样表达。

《机械制图》及配套的《机械制图习题集》可作为高等院校机械类、近机械类各专业机械制图课程的教材，也可供其他类型院校相关专业的70～110学时机械制图课程选用，还可供工程技术人员参考。

图书在版编目(CIP)数据

机械制图习题集 / 丁一,罗远新主编. --3版. --重庆:重庆大学出版社, 2023.1(2023.9重印)
机械设计制造及其自动化专业本科系列教材
ISBN 978-7-5689-3406-0

Ⅰ.①机… Ⅱ.①丁… ②罗… Ⅲ.①机械制图—高等学校—习题集 Ⅳ.①TH126-44

中国版本图书馆CIP数据核字(2022)第112277号

机械制图习题集
(第3版)
主　编　丁　一　罗远新
副主编　王永泉　钟宏民　张政武　汪　勇　张聆玲
策划编辑:杨粮菊
责任编辑:李定群　　版式设计:杨粮菊
责任校对:姜　凤　　责任印制:张　策
*
重庆大学出版社出版发行
出版人:陈晓阳
社址:重庆市沙坪坝区大学城西路21号
邮编:401331
电话:(023) 88617190　88617185(中小学)
传真:(023) 88617186　88617166
网址:http://www.cqup.com.cn
邮箱:fxk@cqup.com.cn (营销中心)
全国新华书店经销
重庆升光电力印务有限公司印刷
*
开本:787mm×1092mm　1/8　印张:18.75　字数:246千
2023年1月第3版　2023年9月第10次印刷
印数:51 001—54 000
ISBN 978-7-5689-3406-0　定价:49.80元

本书如有印刷、装订等质量问题,本社负责调换
版权所有,请勿擅自翻印和用本书
制作各类出版物及配套用书,违者必究

第 3 版前言

本习题集依据教育部高等学校工程图学课程教学指导分委员会 2021 年修订的“普通高等院校工程图学课程教学基本要求”，集多所高校多位编者多年来机械制图课程教学改革与实践经验修订而成。本习题集与重庆大学丁一、罗远新主编的《机械制图》教材配套使用。本习题集共 11 章，内容包括制图基本知识、投影法基础、基本体及其体表面交线的投影、组合体、轴测图、机件常用表达方法、机械工程基础、标准件与常用件、零件图、装配图及其他图样表达。

本习题集的各章节习题由简到难，循序渐进。习题集中部分重难点习题配有详细的二维码讲解视频，帮助学生作业时进行知识回顾，这对于现在的 PPT 教学“上课容易懂、课后容易忘”非常有用，可起到事半功倍的作用，能有效保证教学质量。

本习题集由重庆大学丁一、罗远新任主编，湖北汽车工业学院王永泉、四川轻化工大学钟宏民、陕西理工大学张政武、西华大学汪勇、成都理工大学工程技术学院张聆玲任副主编。

教育部高等学校工程图学课程教学指导分委员会，上海交通大学蒋丹教授认真审阅了本习题集并提出了许多宝贵意见和建议，在此表示衷心感谢。

值本习题集第 3 版出版之际，我们向曾经为前两版习题集出版作出过贡献而又未能参加本次修订的梁宁、陈家能、王萍、牟小云、李杰、陈洁老师，表示衷心感谢。

由于作者水平有限，书中疏漏和不足在所难免，敬请读者和同人提出宝贵意见。

编　者

2022 年 11 月

目　录

1.1　字体练习　　　专业班级　　　学号　　　姓名　　　1

机械制图是工程技术交流的工具

名称件数重量材料备注比例审核

机床齿轮轴承端盖圆柱密封螺纹弹簧皮带轮

垫圈挡肩箱体支架铸造倒角中心孔公差配合

0 1 2 3 4 5 6 7 8 9 0 1 2 3 4 5 6 7

I II III IV V VI VII VIII IX X I II III IV V VI VII VIII

R3　ϕ20　2×45°　M30-6H　8±0.01　GB/T

A B C D E F G H I J K L M N O P Q R S T U V W X Y Z Ø

a b c d e f g h i j k l m n o p q r s t u v w x y z a b c

1. 在指定位置作正多边形。

（1）正六边形（内切圆$R28$）。

（2）正五边形（外接圆$R28$）。

2. 在指定位置用四心近似法画椭圆（椭圆长、短轴分别为 80mm 和 50mm）。

3. 用 1:1 比例抄画下面两图。

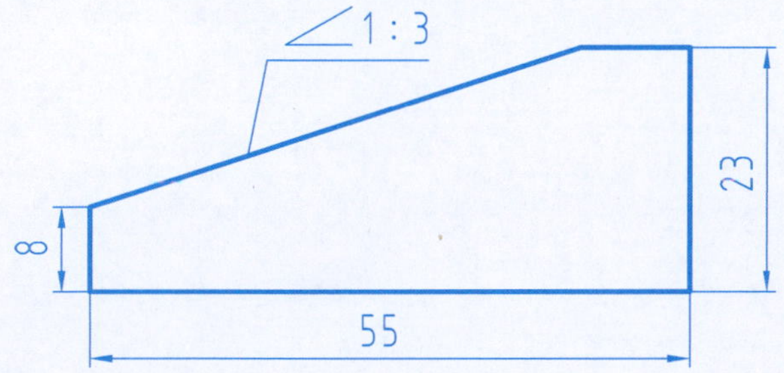

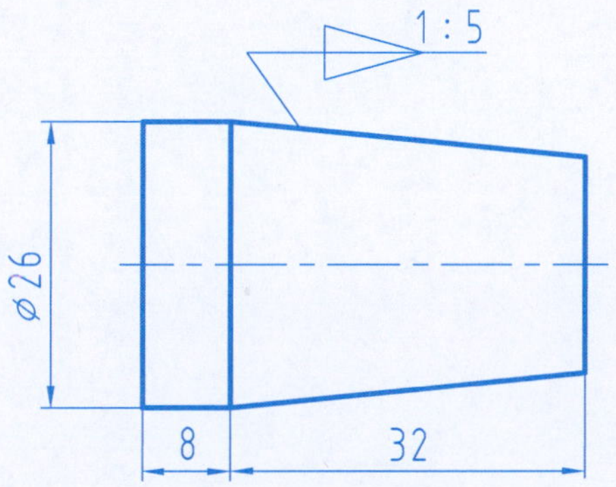

4. 将右上角图形用 1:2 比例抄画在左下角指定位置。

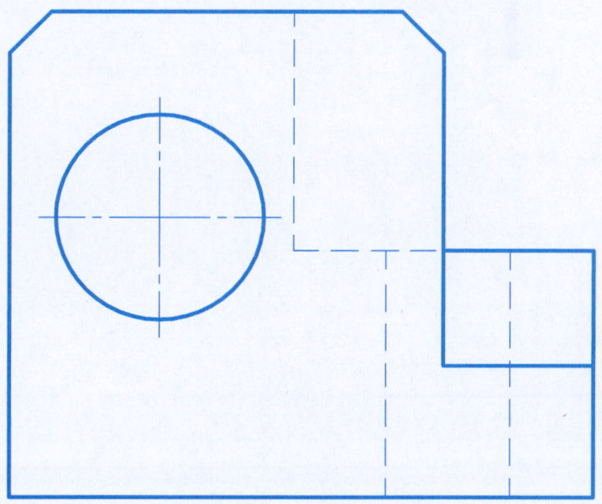

1. 标注图中尺寸，尺寸数字按 1∶1 度量（取整数）。

2. 改正右图中尺寸标注的错误，在左图上正确标注尺寸。

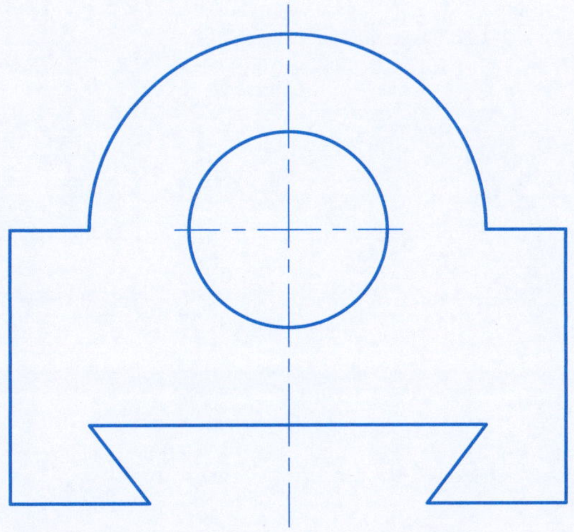

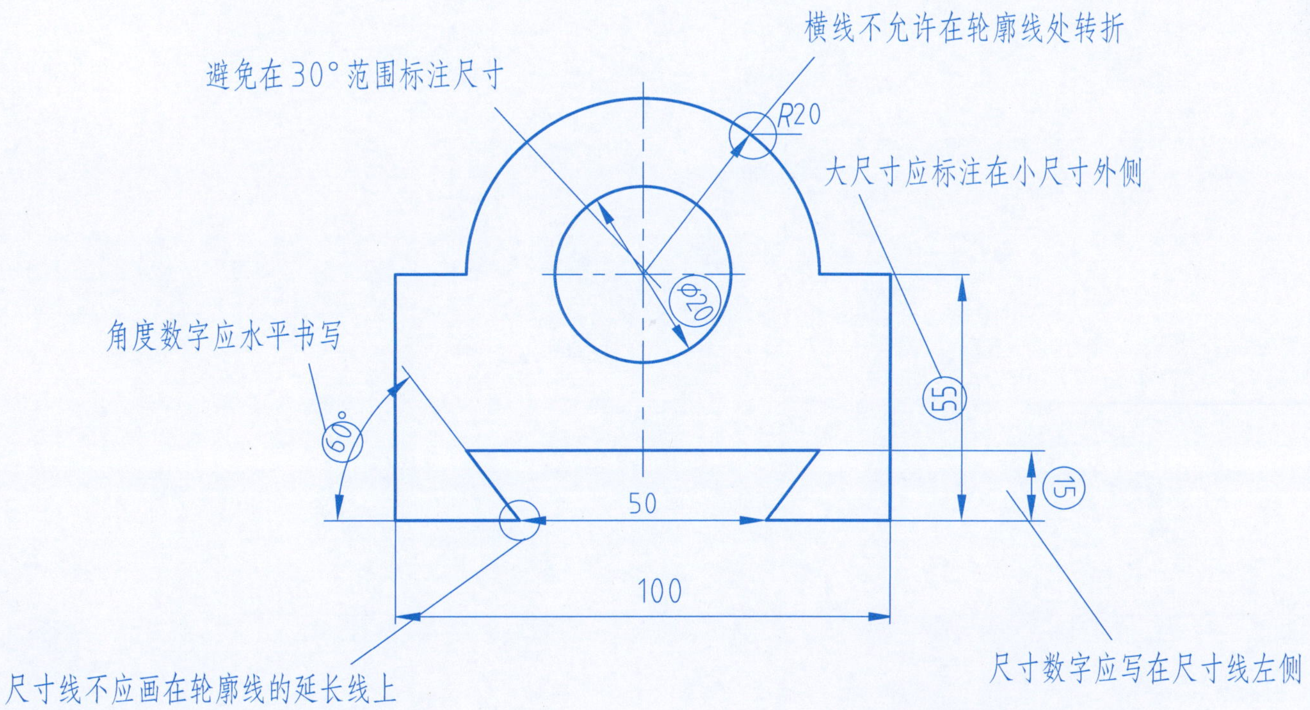

用A3图纸采用适当的比例抄画下面平面图形。

作业要求：

（1）遵守国家标准《机械制图》中关于图幅、图线、字体、比例、尺寸标注的规定，要求同类图线全图粗细一致，字体工整；全图尺寸标注正确、清晰，数字、箭头的大小一致。

（2）根据图形上的尺寸来分析画图顺序。运用圆弧连接作图，正确画出图形。

（3）标题栏采用教材上“学习用标题栏格式”。图样名称为基本练习。

（1）

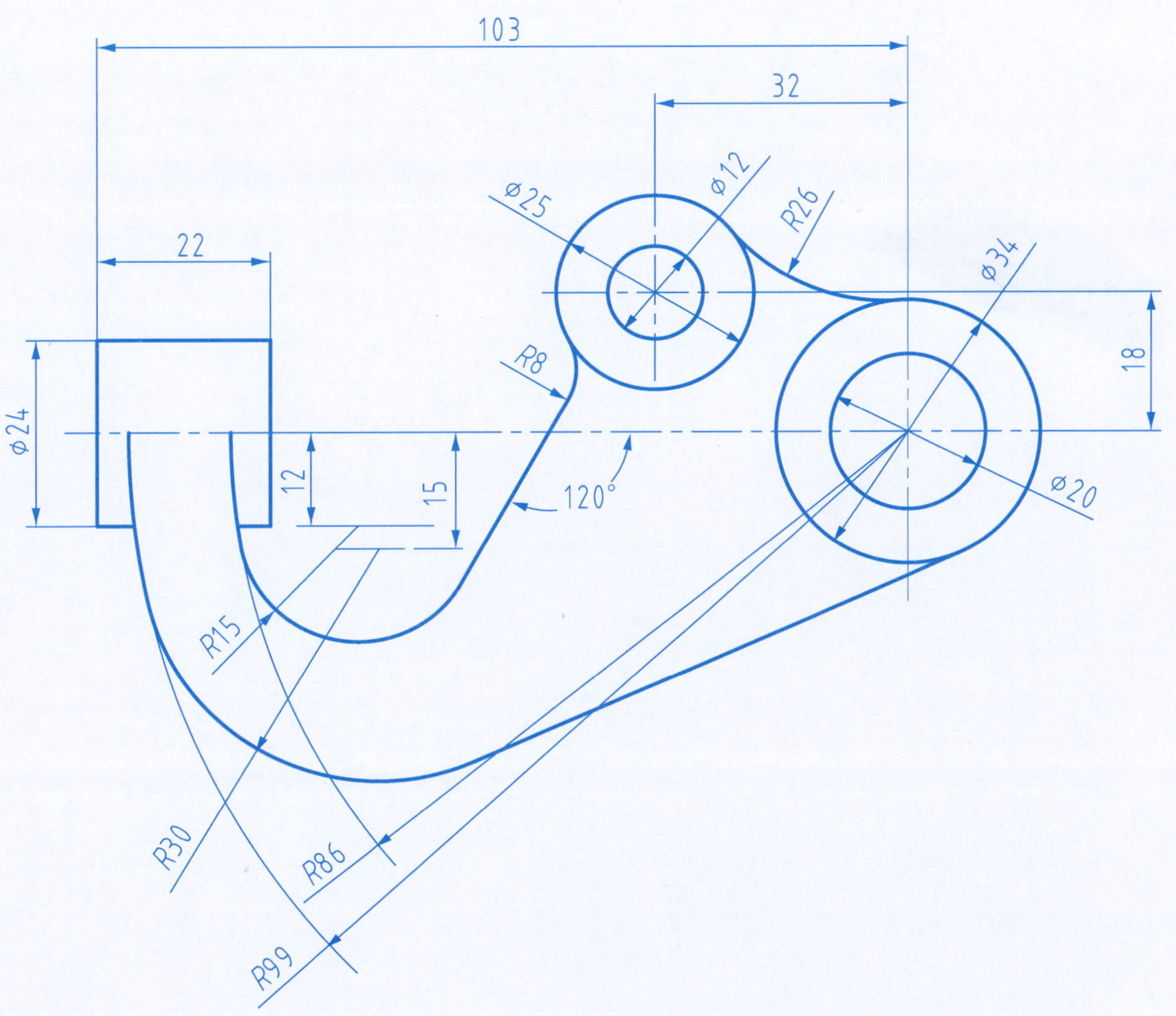

（2）

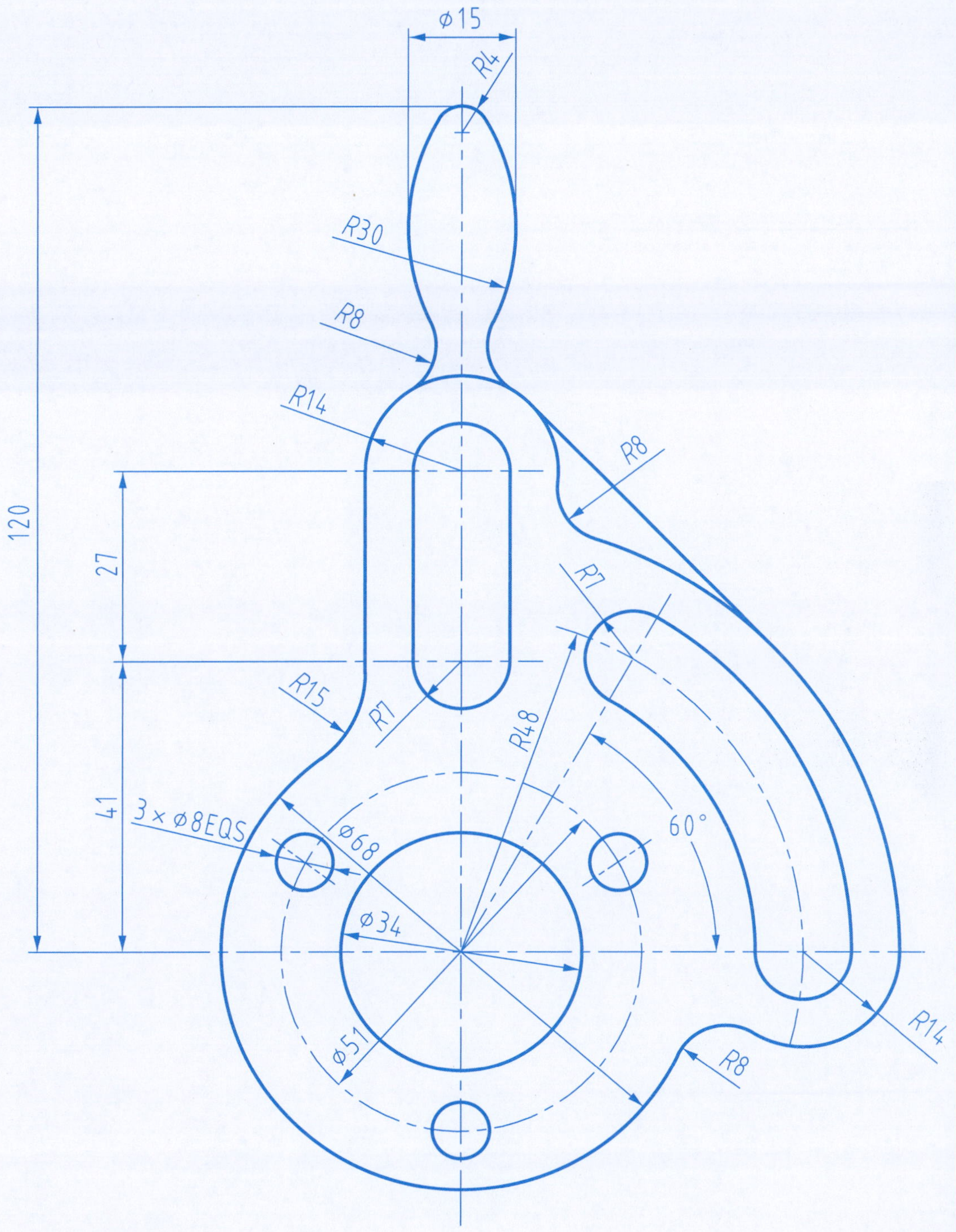

1.5 徒手绘图

专业班级　　学号　　姓名

在右边的方格纸上徒手绘制下面图形，不标注尺寸。

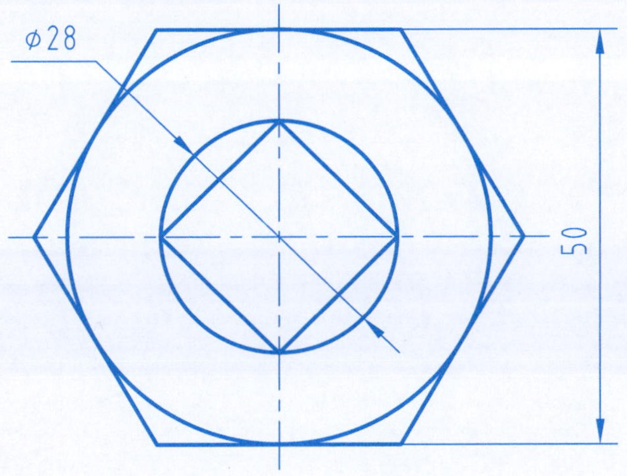

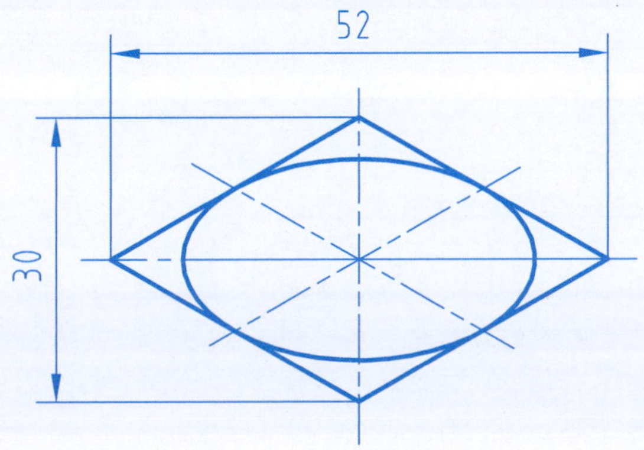

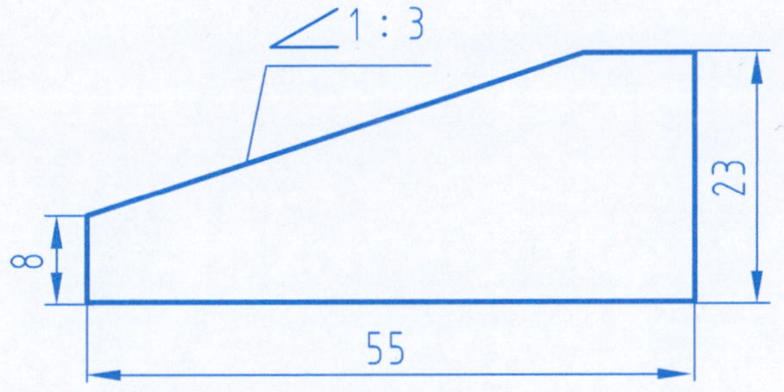

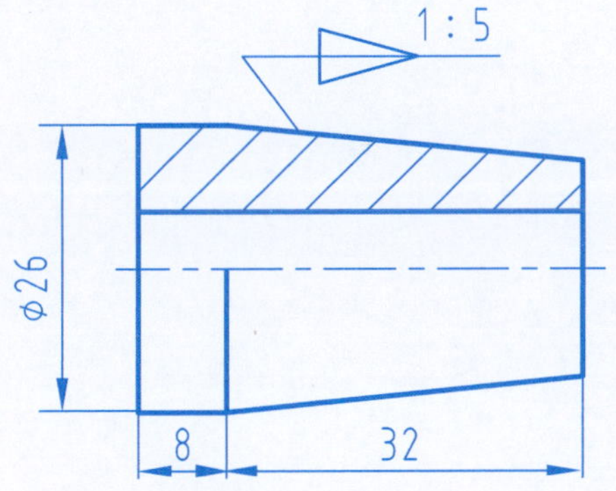

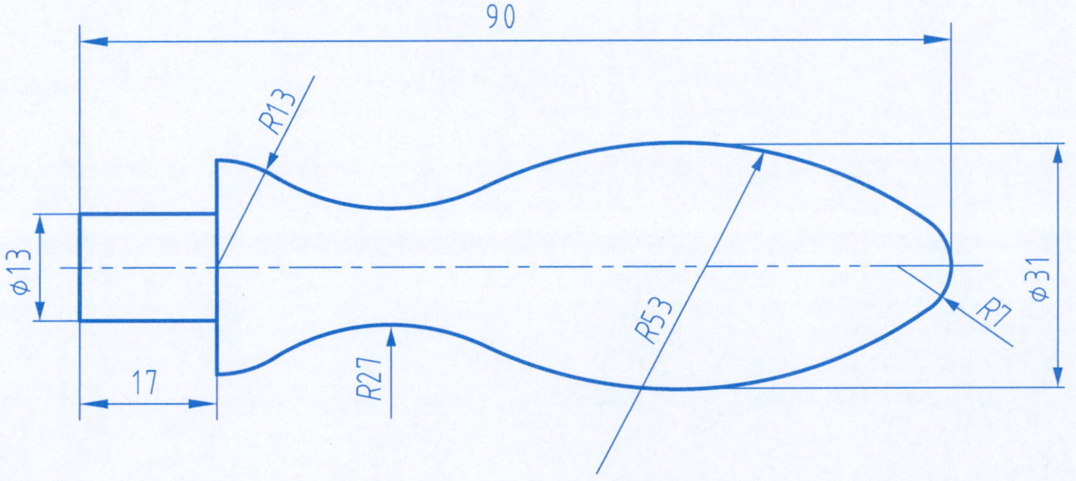

1. 根据立体图找出相应的三视图，并在括号内填写对应的编号。

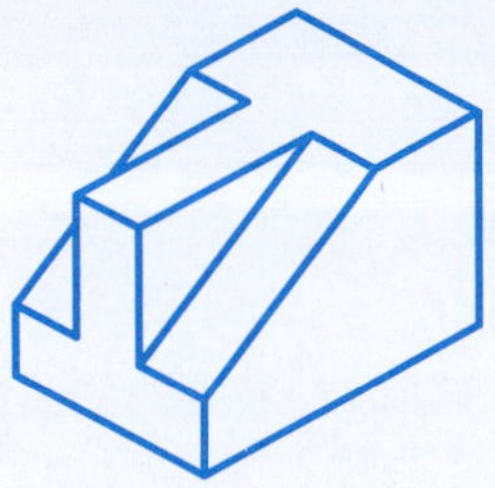
(1)

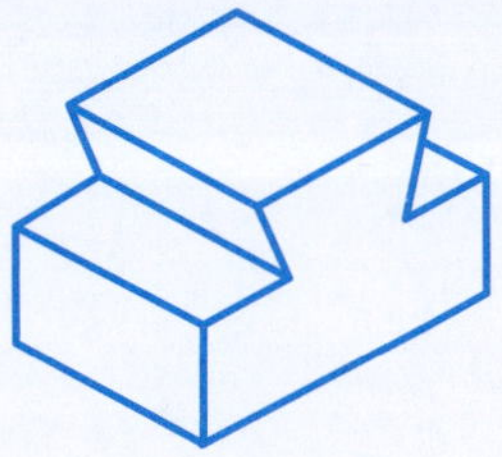
(2)

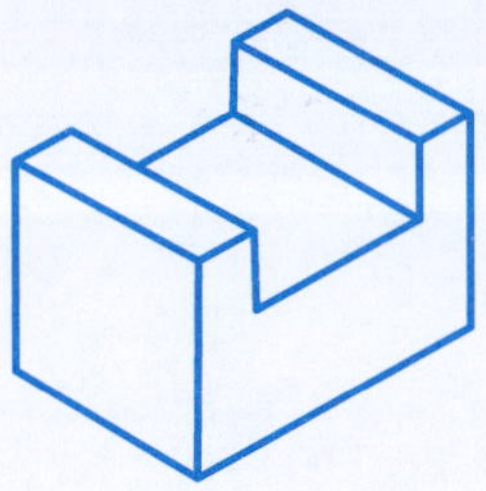
(3)

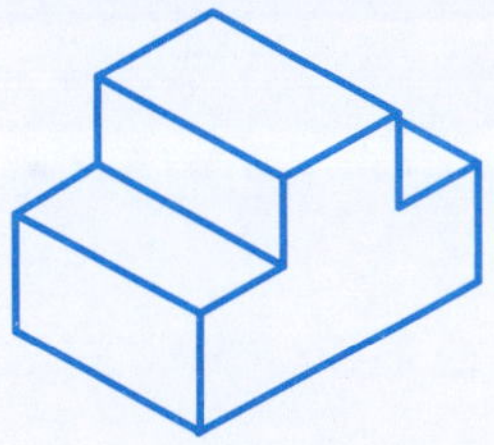
(4)

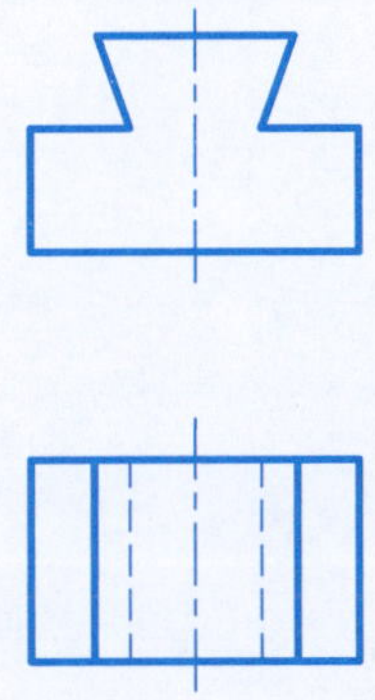
(　　　)

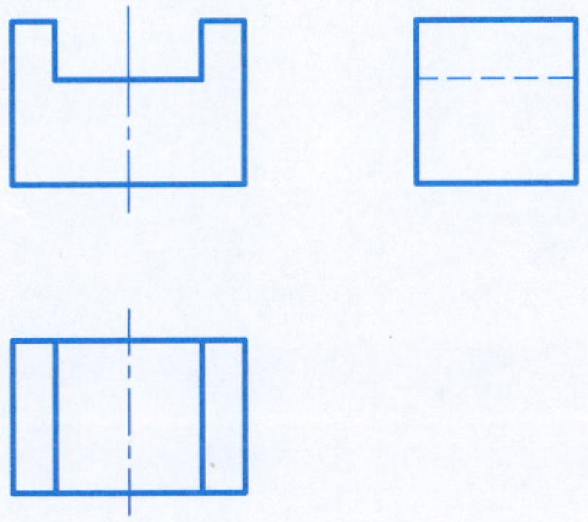
(　　　)

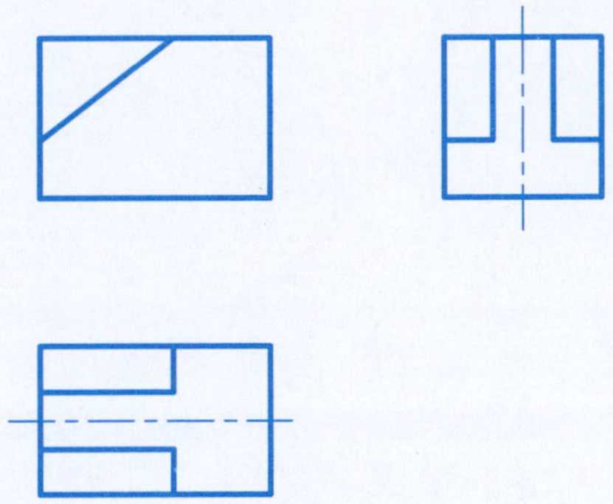
(　　　)

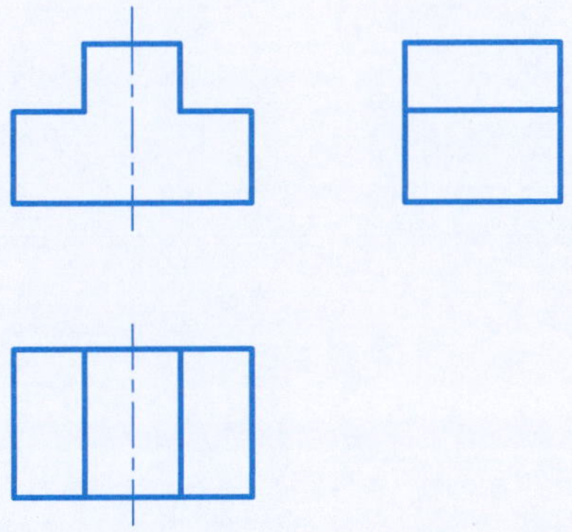
(　　　)

2. 根据三视图找出相应的立体图，并在括号内填写对应的编号。

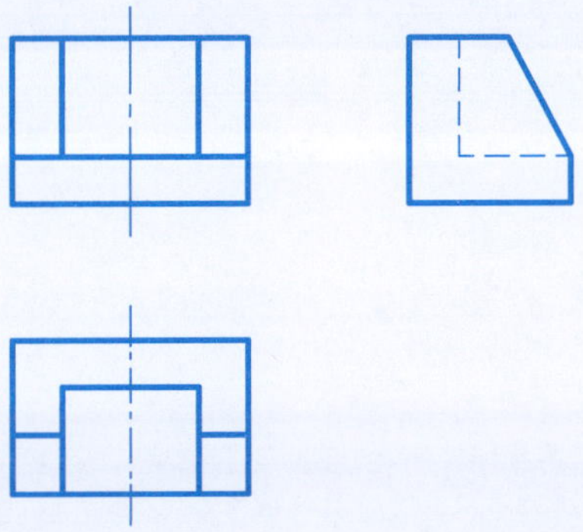
(　　　)

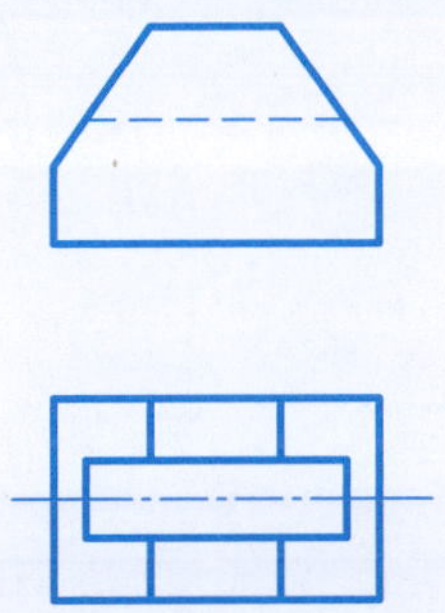
(　　　)

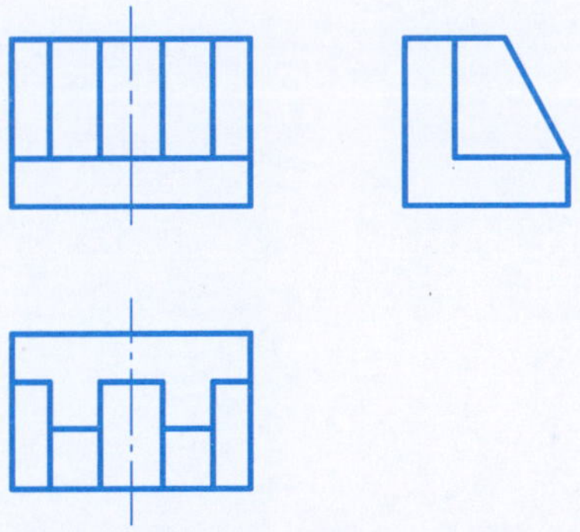
(　　　)

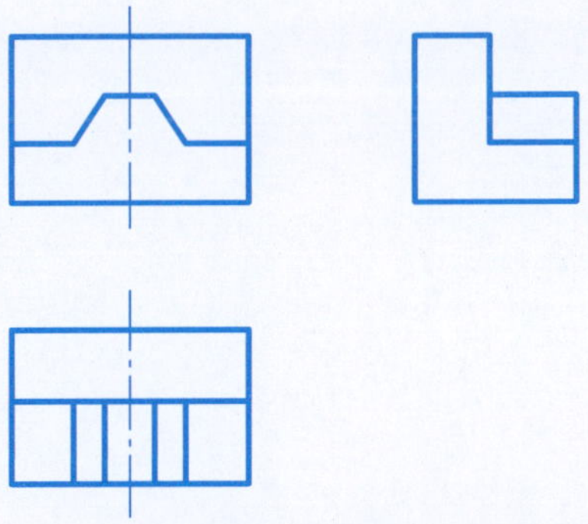
(　　　)

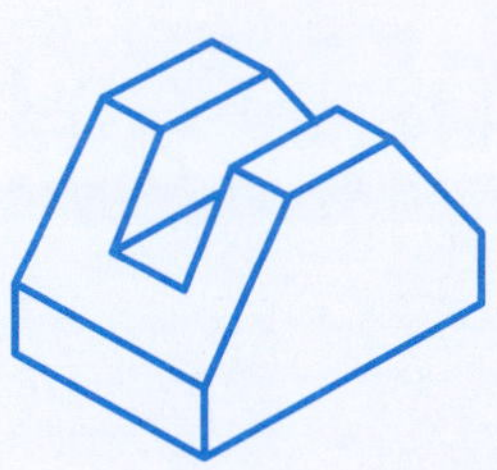
(a)

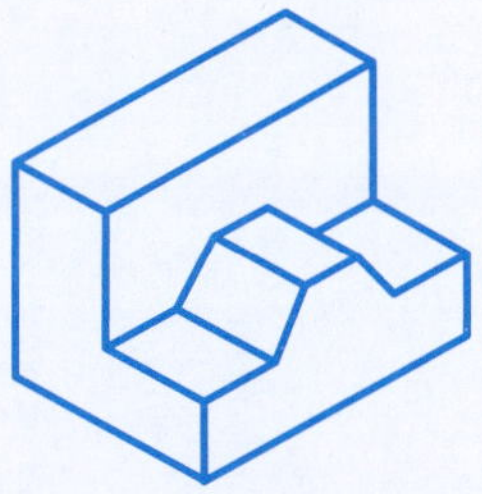
(b)

(c)

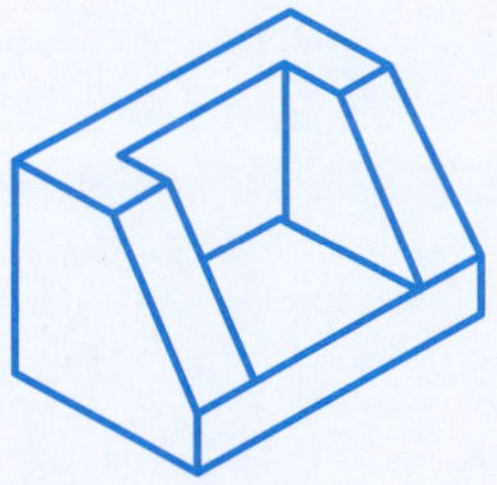
(d)

3. 对照立体图，补画漏线和视图。

(1) 补画漏线，并完成填空。

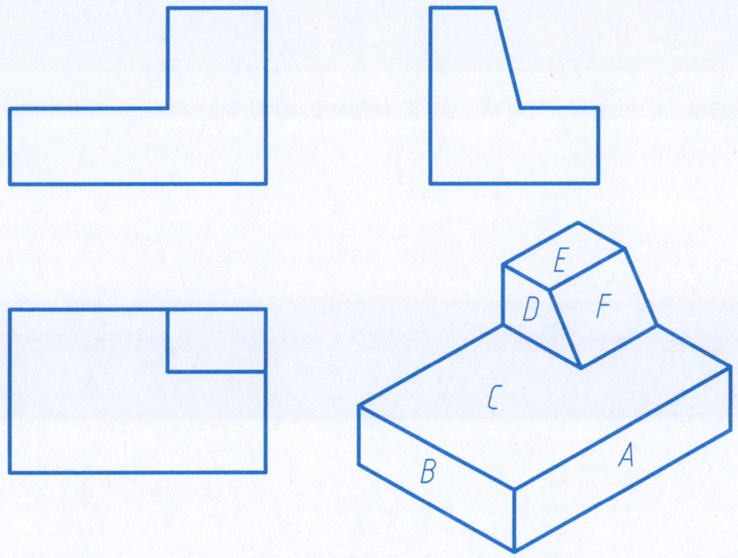

A 面在 F 面________（前、后）；
B 面在 D 面________（左、右）；
C 面在 E 面________（上、下）。

(2) 补画漏线。

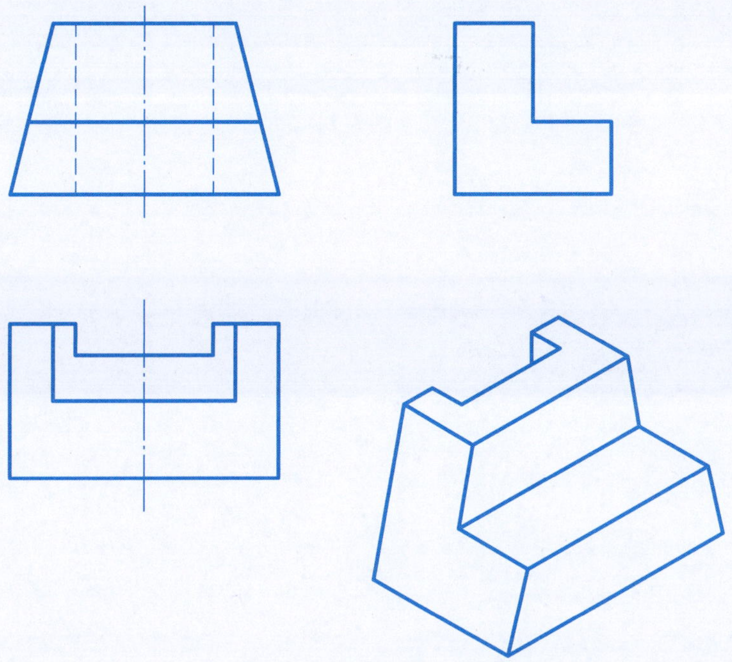

(3) 补画漏线。

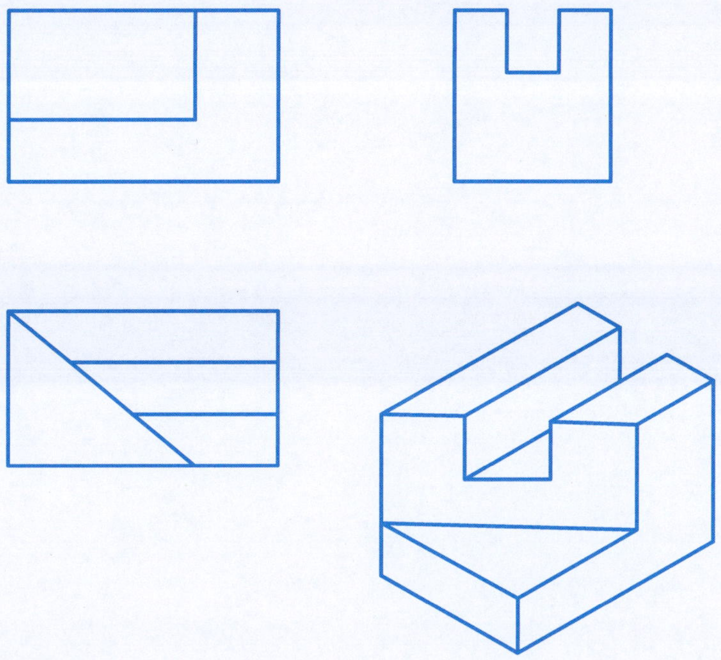

(4) 补画俯视图。

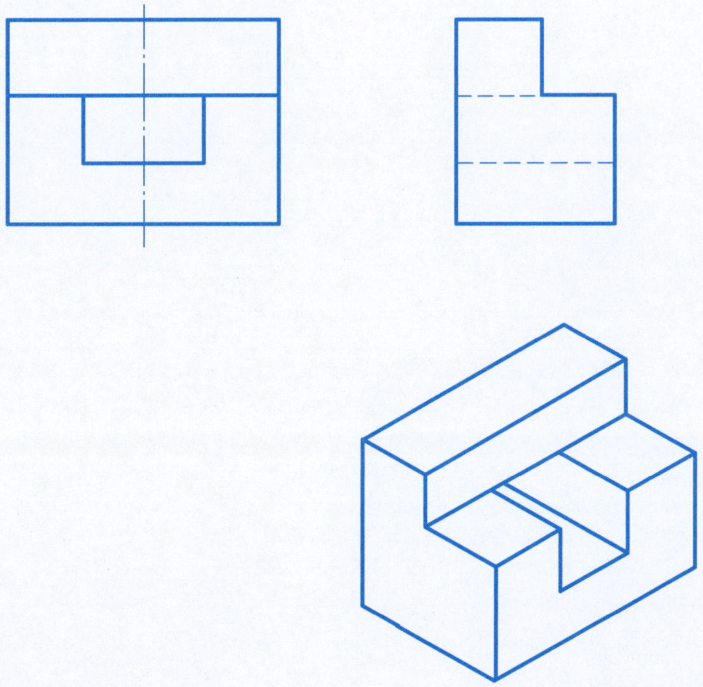

(5) 补画左视图。

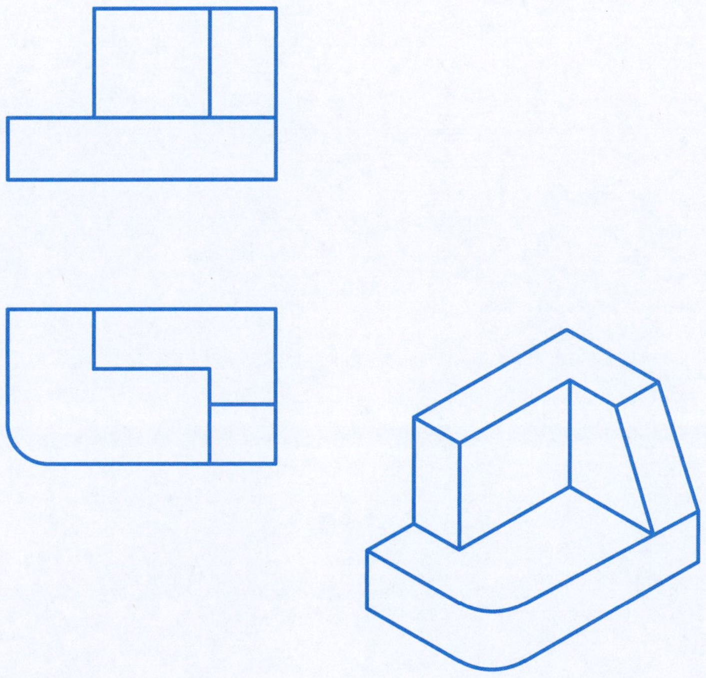

(6) 补画主视图。

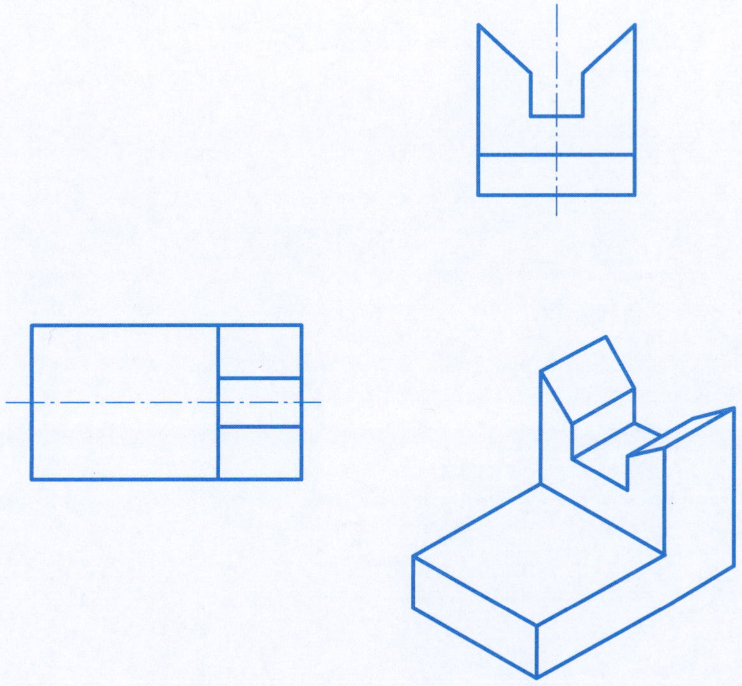

1. 按立体图作出各点的投影图（尺寸从图中量取）。

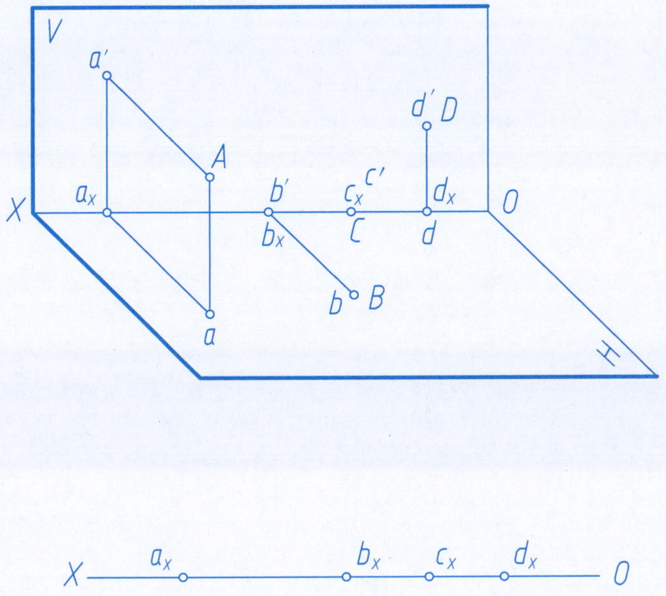

2. 已知点 A、点 B、点 C 到投影面的距离如表所示，试作出它们的三面投影，并比较它们的相对位置。

点	距 H 面	距 V 面	距 W 面
A	20	10	15
B	25	20	0
C	30	0	20

点______最高，点______最低；
点______最前，点______最后；
点______最左，点______最右。

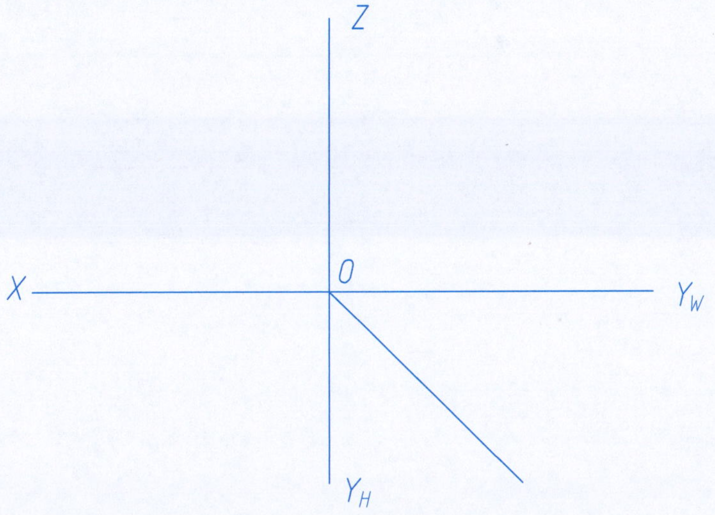

3. 已知点 A、点 B、点 C 的两面投影，求作它们的第三面投影。

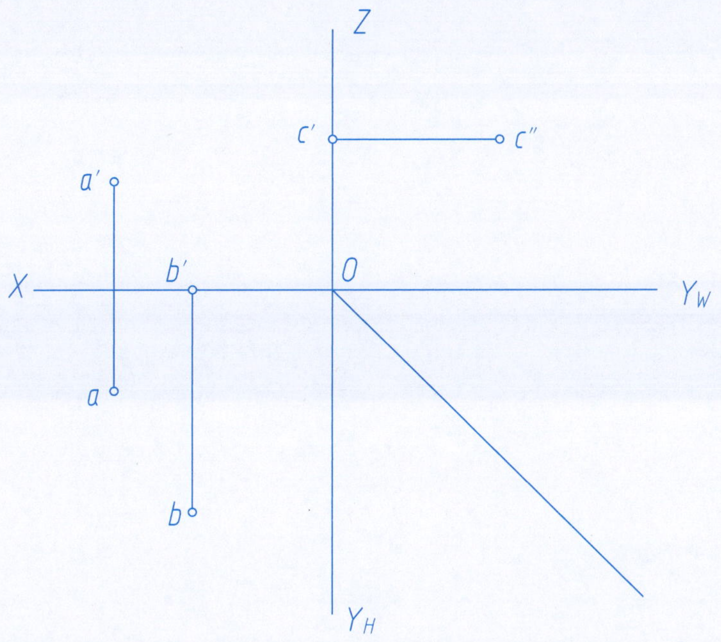

4. 已知点 B 距离点 A 为 15mm，点 C 与点 A 是一对正面投影的重影点，点 C 的 Y 坐标为 20mm，点 D 在点 B 的正下方 20 mm，试补全各点的三面投影，并判断其可见性。

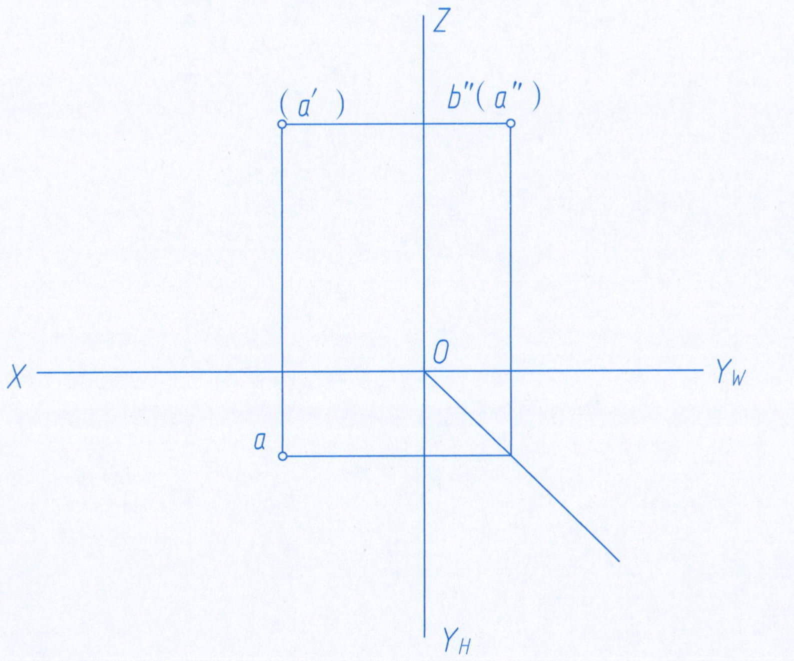

5. 在立体的三面投影图中，标出 A，B，C3 点的投影。

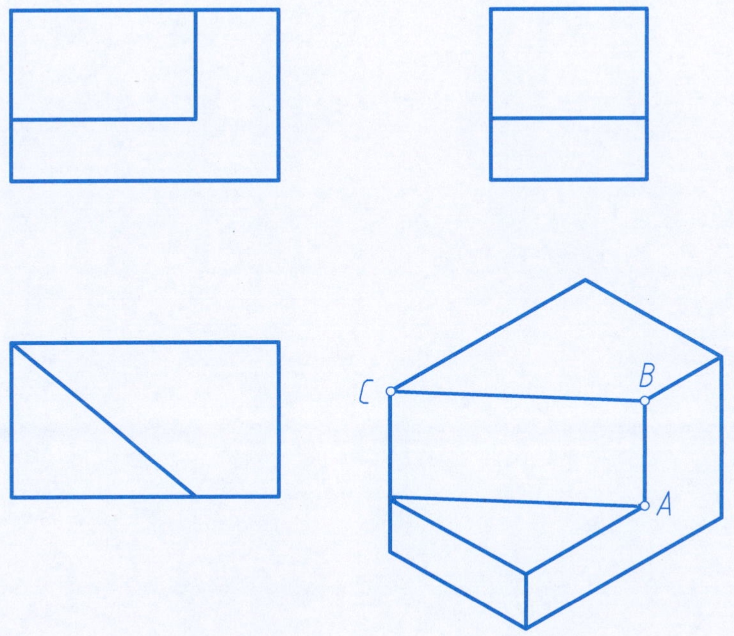

6. 已知立体图上 A，B，C3 点的两面投影，求作第三面投影，并判断其上下、左右、前后关系。

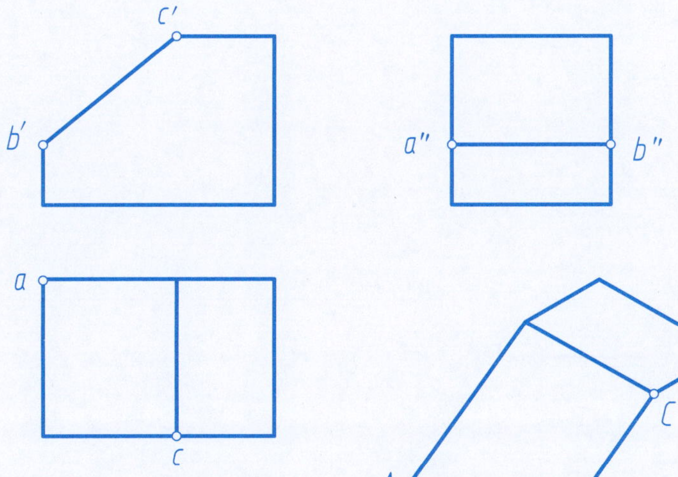

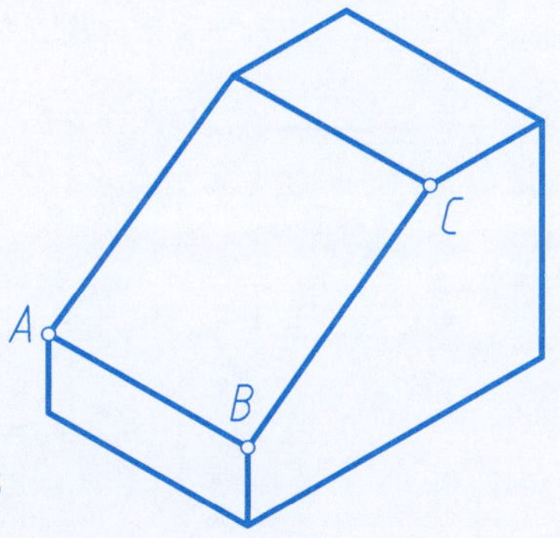

比较 3 点的相对位置：
点 A 位于点 B____________；
点 B 位于点 C____________；
点 C 位于点 A____________。

1. 判断下列直线对投影面的相对位置完成填空，并作出其第三面投影。

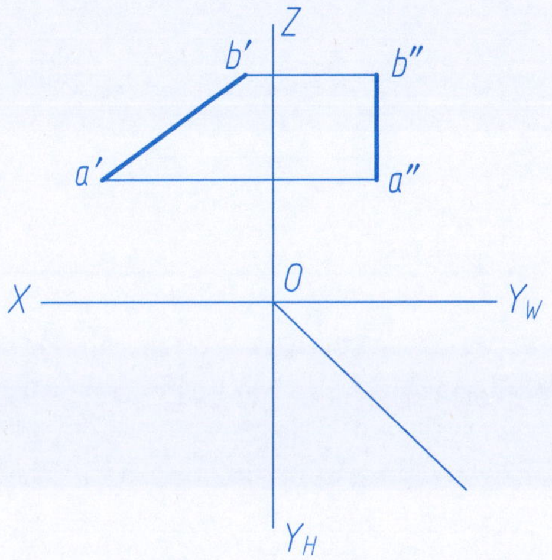

（1）AB__________线。

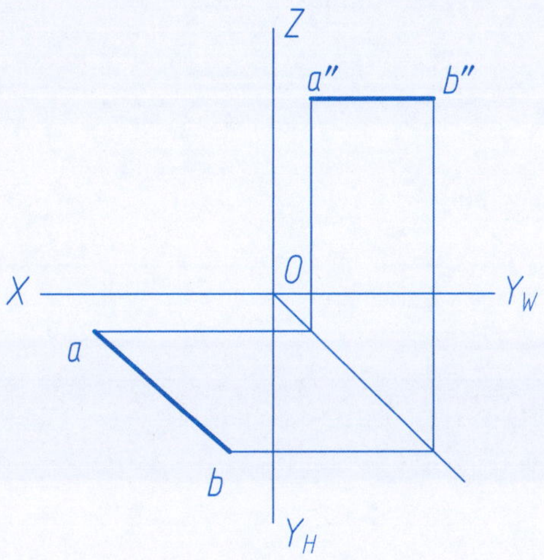

（2）AB__________线。

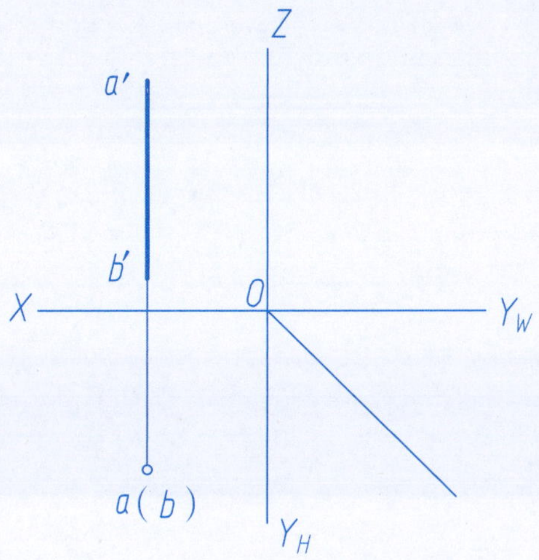

（3）AB__________线。

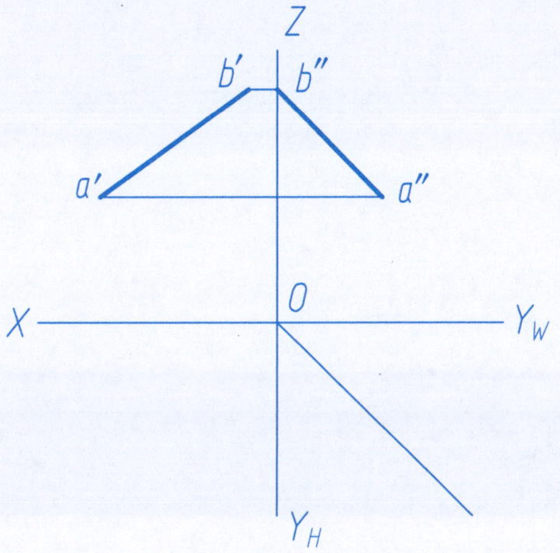

（4）AB__________线。

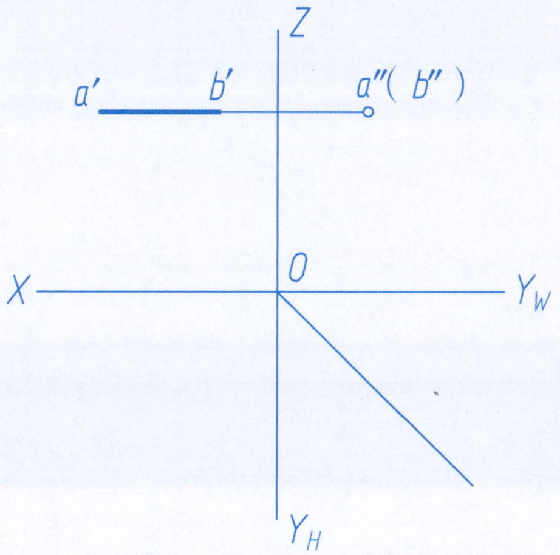

（5）AB__________线。

2. 过点 A 作正平线 AB，使其倾角 $\alpha=30°$，AB=30 mm，点 B 在点 A 右上方，试作出 AB 的两面投影。

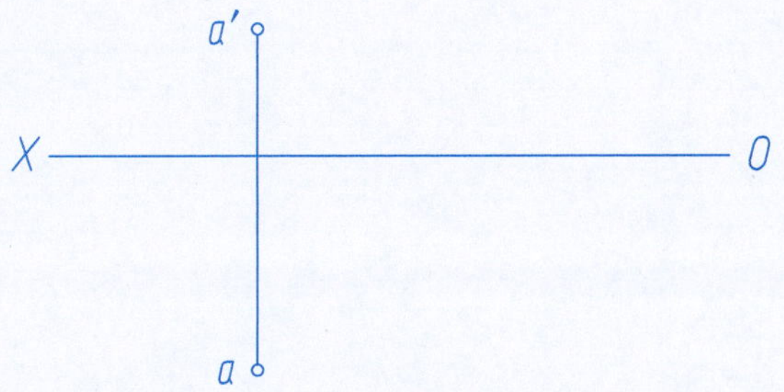

3. 在下图（1）、（2）中，分别在直线 AB 和 CD 上取一点 K，使点 K 距离 V 面 15 mm，试作出点 K 的两面投影。

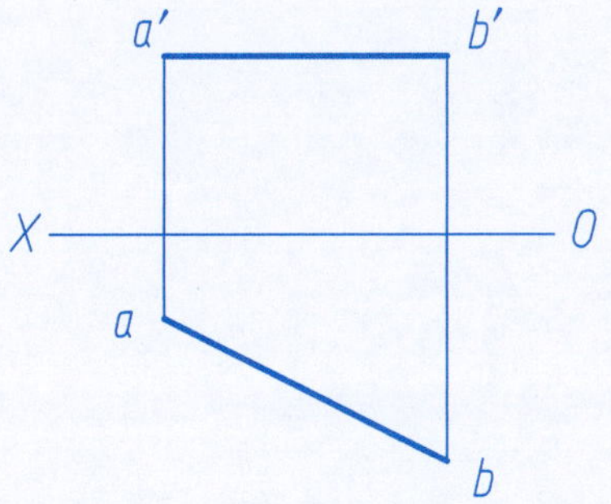

（1）

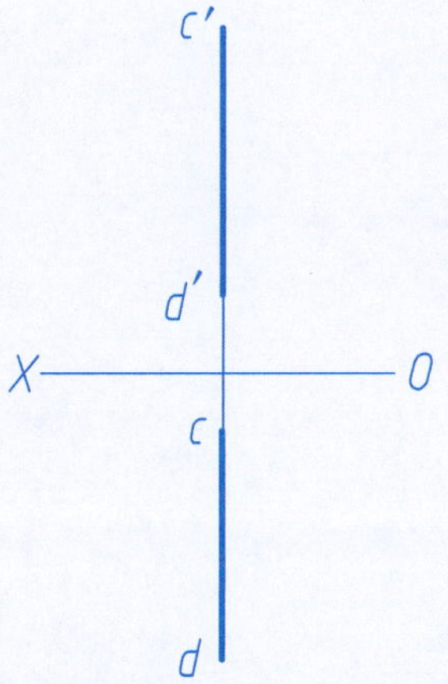

（2）

4. 参照立体图，补画 H 面、W 面投影图中的漏线，标出棱线 AB、BC、CD、DA、BE、EF 的三面投影，判断各棱线与投影面的相对位置，并完成填空。

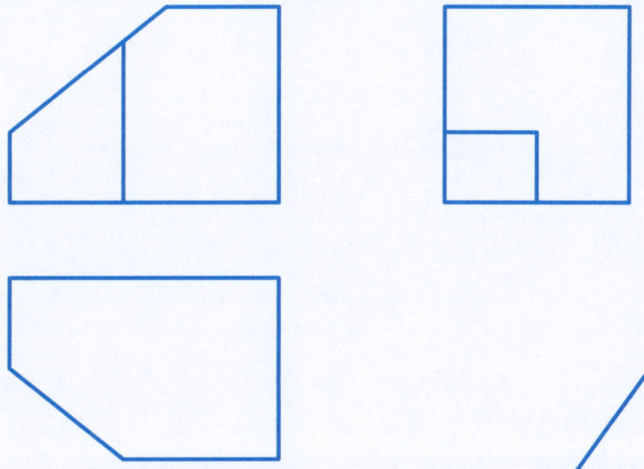

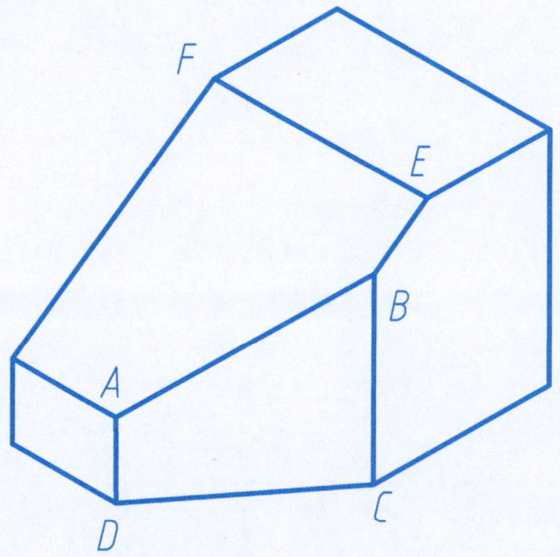

AB__________线； BC__________线；

CD__________线； DA__________线；

BE__________线； EF__________线。

5. 判断两直线 AB、CD 的相对位置，并完成填空。

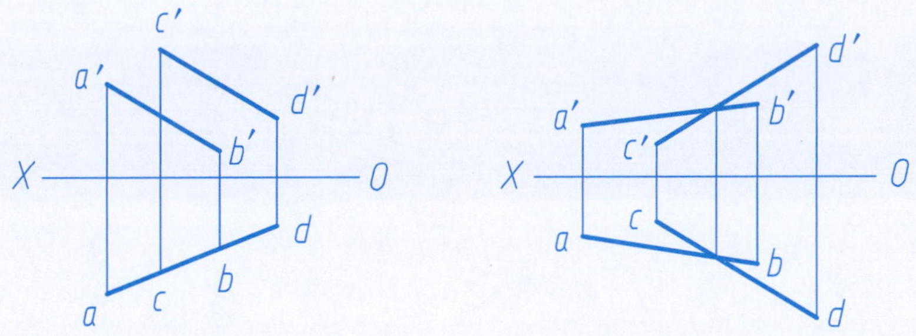

（1）AB 与 CD＿＿＿＿＿＿。（2）AB 与 CD＿＿＿＿＿＿。

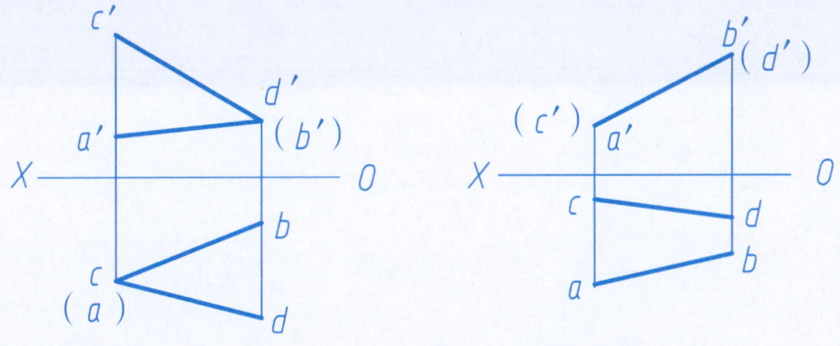

（3）AB 与 CD＿＿＿＿＿＿。（4）AB 与 CD＿＿＿＿＿＿。

6. 标出交叉两直线 AB 与 CD 的正面投影、水平投影的重影点，并判别其可见性。

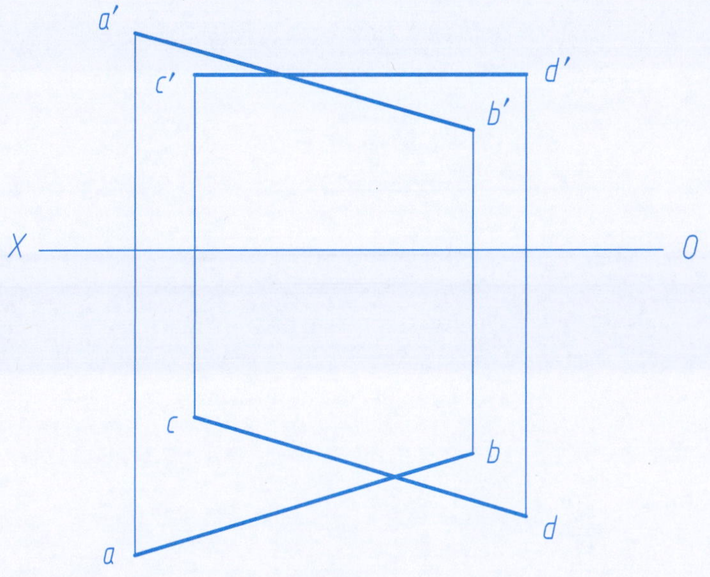

7. 已知直线 AB 与 CD 相交，试作出 AB 的水平投影 ab。

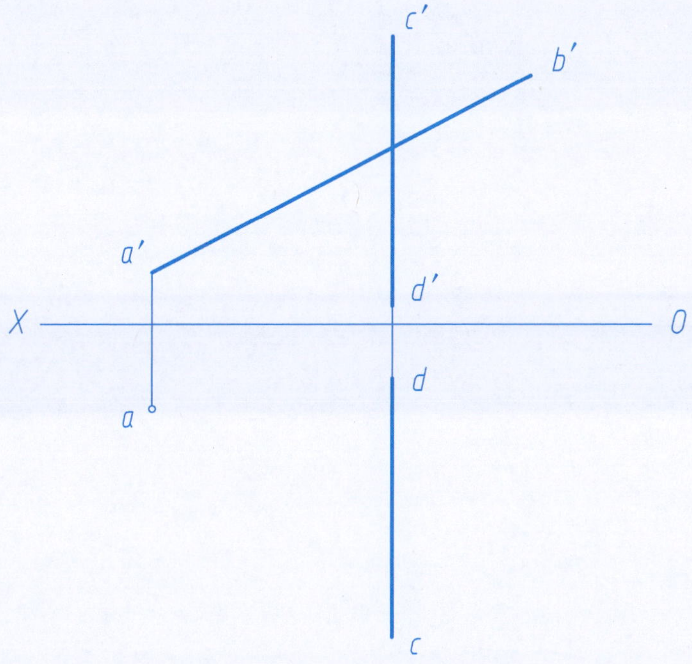

8. 求作直线 MN，MN 与 AB、CD 都相交，且与直线 EF 平行。

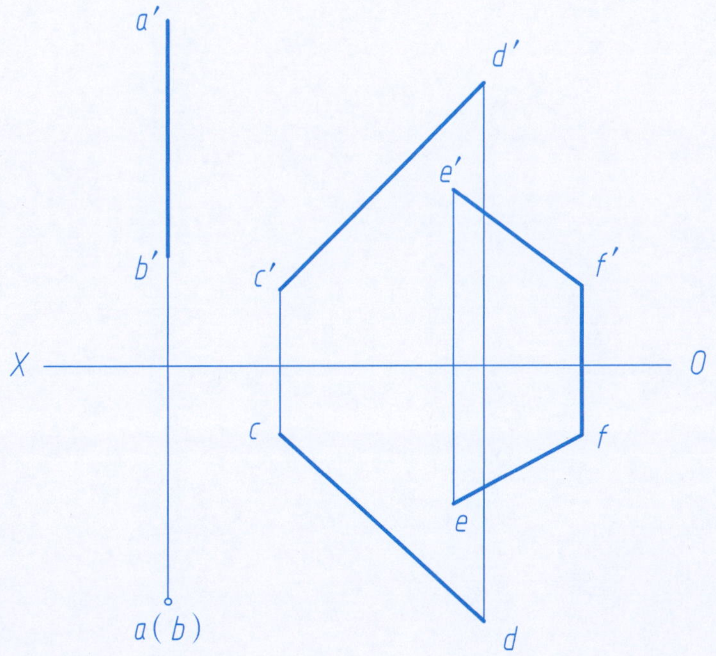

9. 过点 A 作直线与直线 CD 垂直相交，并求点到直线的距离。

（1）

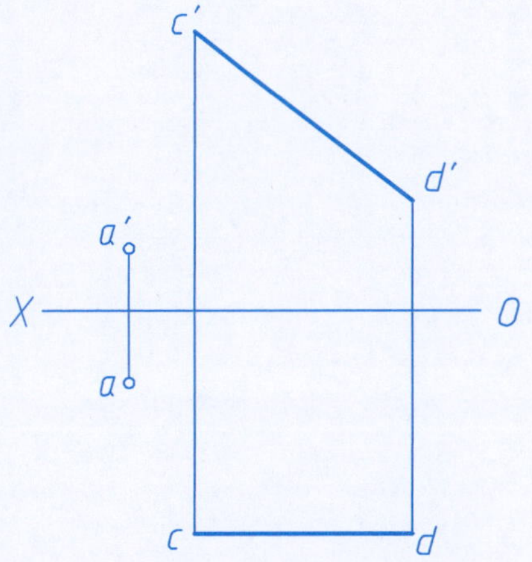

（2）

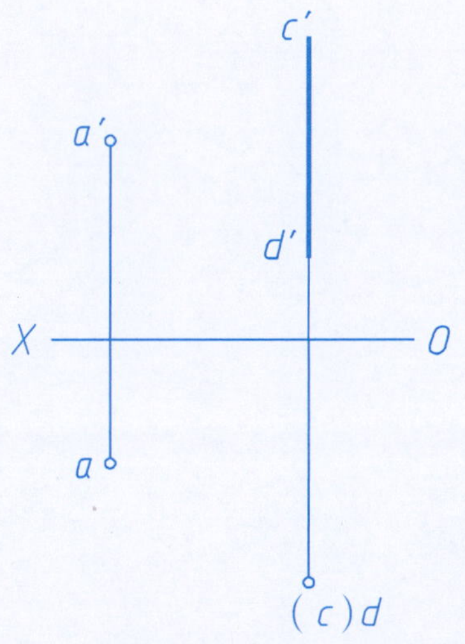

10. 用直角三角形法求直线 MN 的实长及其对 H 面的倾角 α。

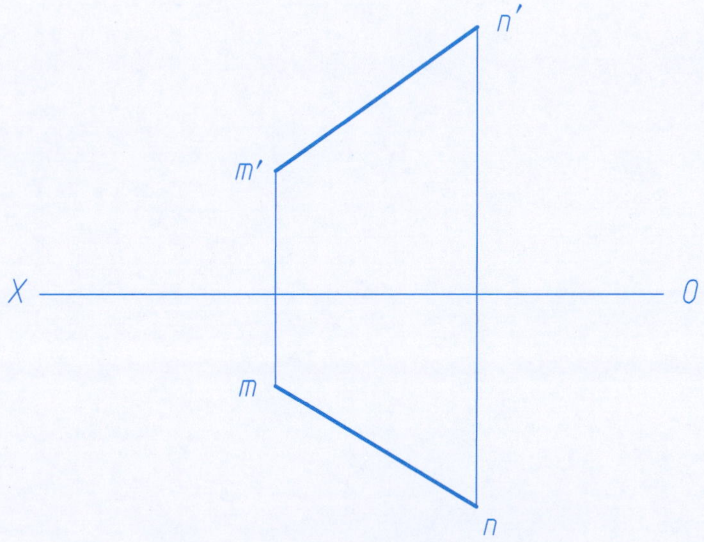

1. 判断下列各平面与投影面的相对位置，并完成填空。

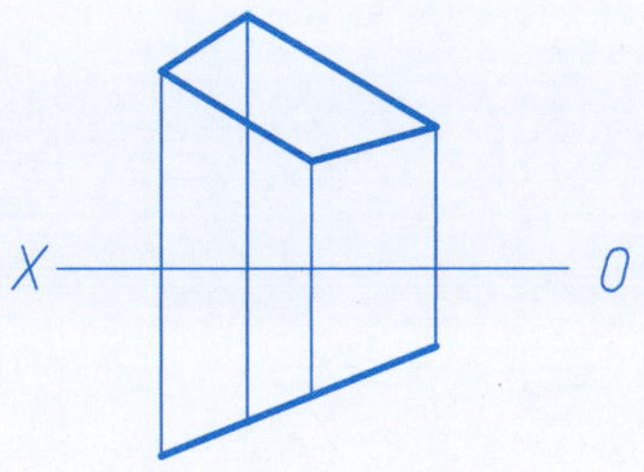

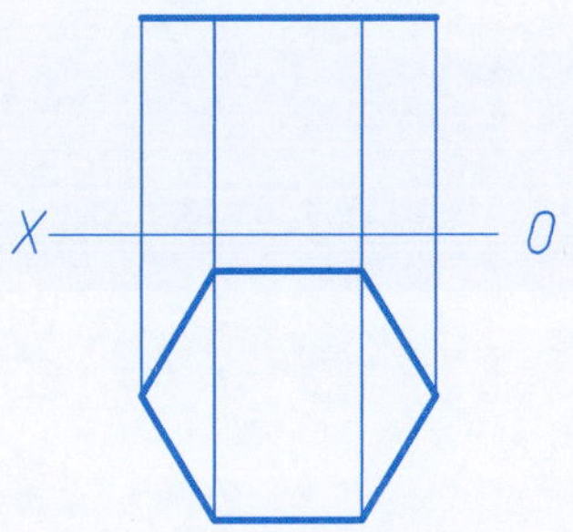

(1)________________面。　(2)________________面。

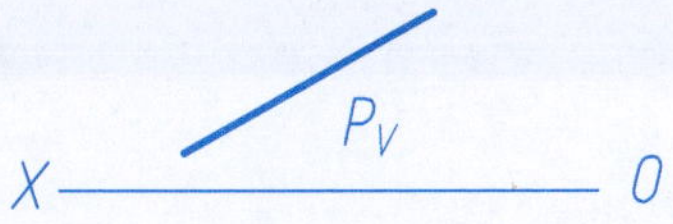

(3)________________面。　(4)________________面。

2. 已知平面图形的两个投影，试作出第三个投影。

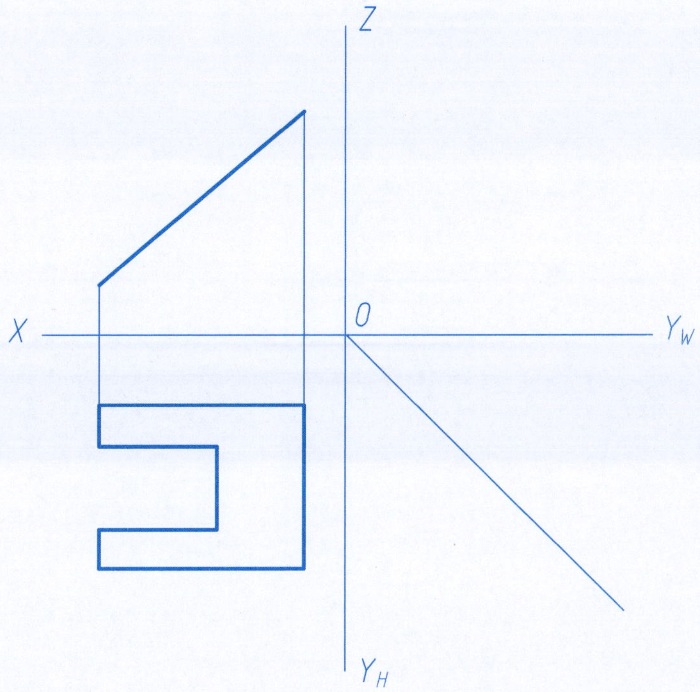

3. 已知点 K 在平面上，试求平面的第三个投影及点 K 的另两个投影。

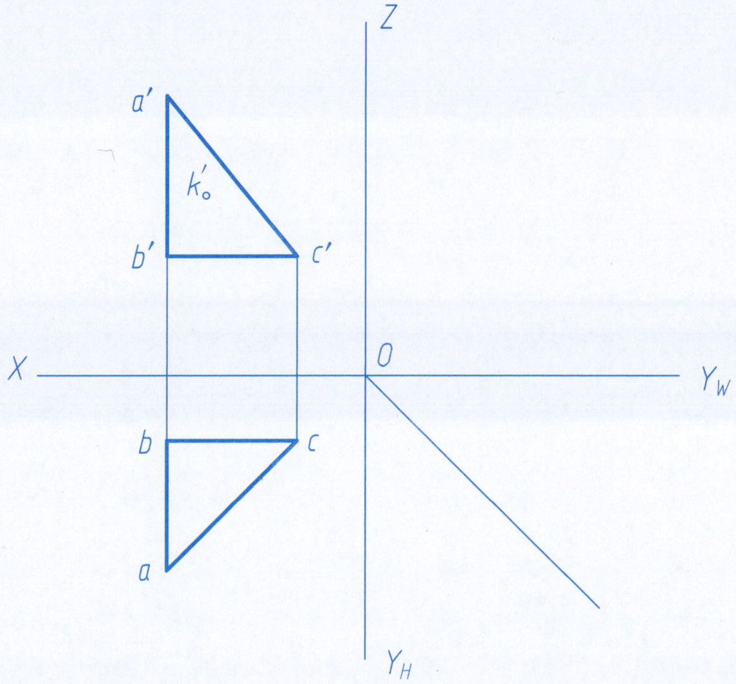

4. 已知平面的 H 面、W 面投影，试作出其 V 面投影。

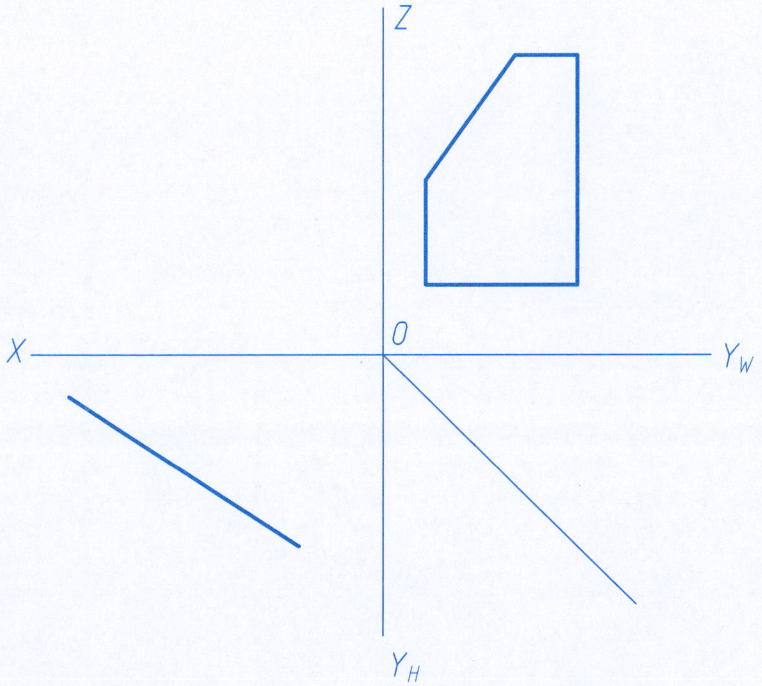

5. 已知正方形 $ABCD$ 垂直于 H 面，且与 V 面的倾角 30°，其边长为 30 mm，AB 边为铅垂线。根据点 A 的两面投影，试作出正方形的三面投影（只作一个解）。

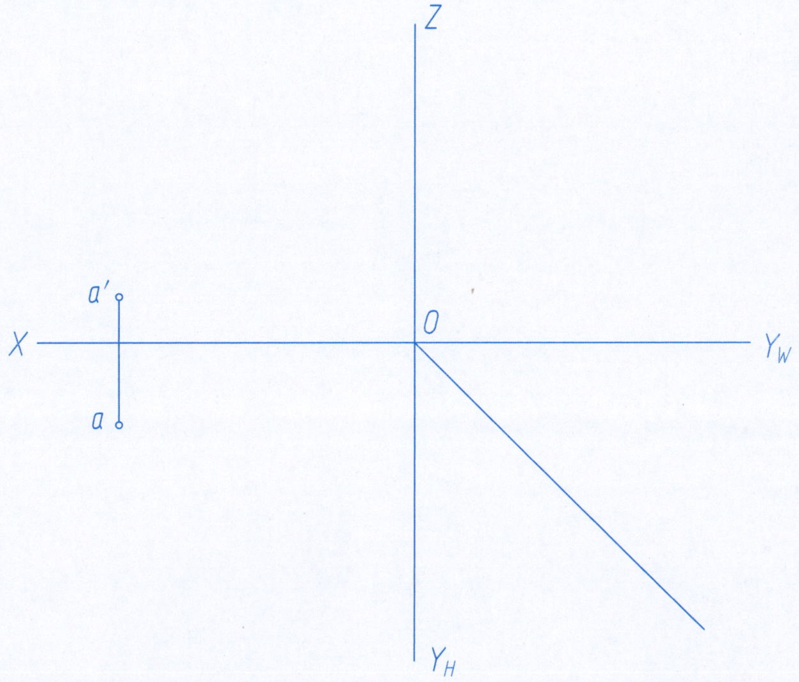

6. 参照立体图，在立体的三面投影中用相应字母标出指定表面 A,B,C 的三面投影，并判断 A,B,C,D,E 各面与投影面的相对位置，完成填空。

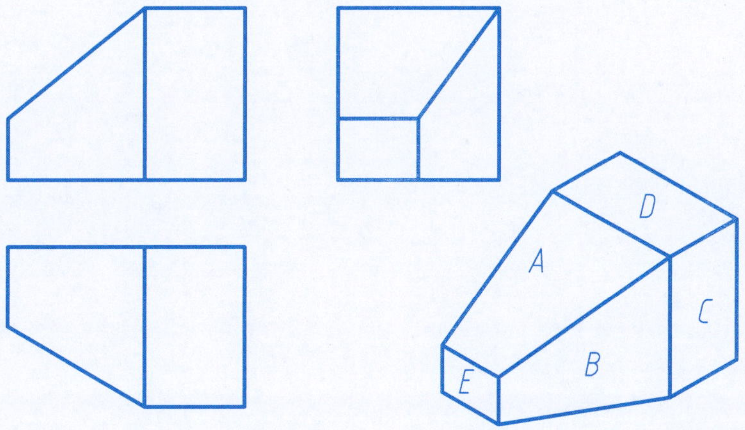

A________________面；　B________________面；

C________________面；　D________________面；

E________________面。

7. 通过作图判断点 M、直线 BN 是否在平面 ABC 上，并在相应位置填写“在”或“不在”。

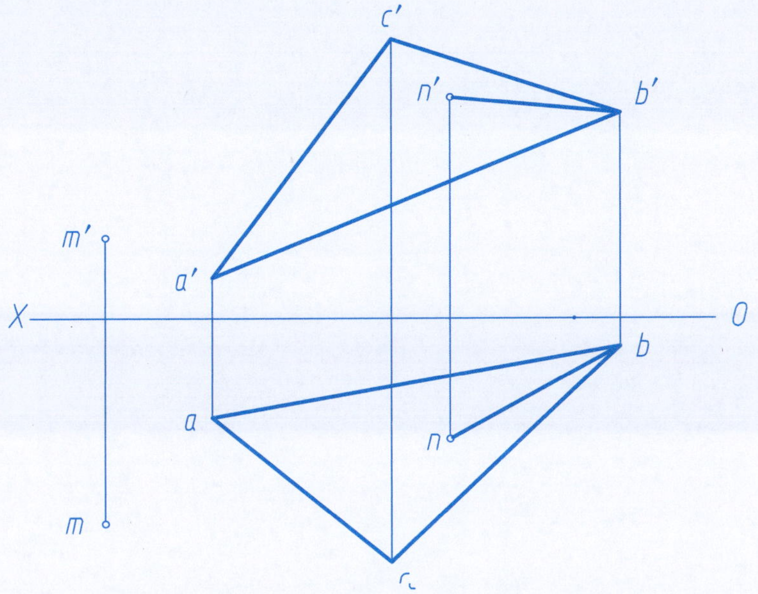

点 M______________平面 ABC 上；

直线 BN______________平面 ABC 上。

8. 已知 AC 是水平线，试完成五边形平面 ABCDE 的正面投影。

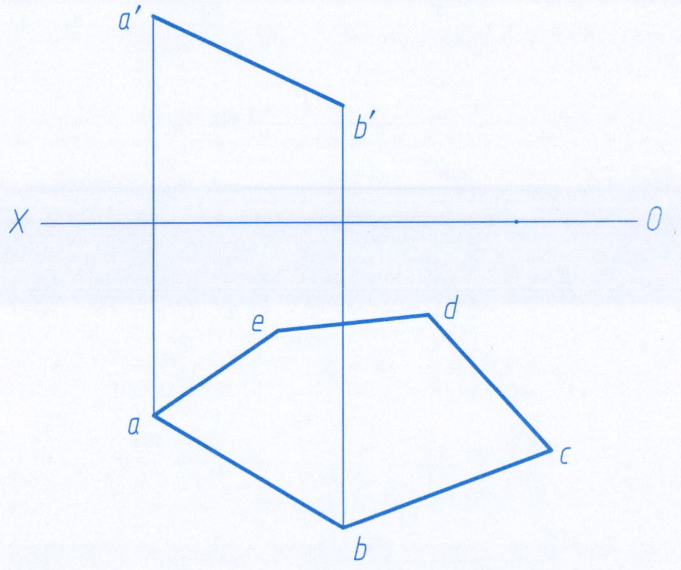

9. 在平面△ABC 上，试作出一条距 V 面 15 mm 的正平线 EF 的两面投影。

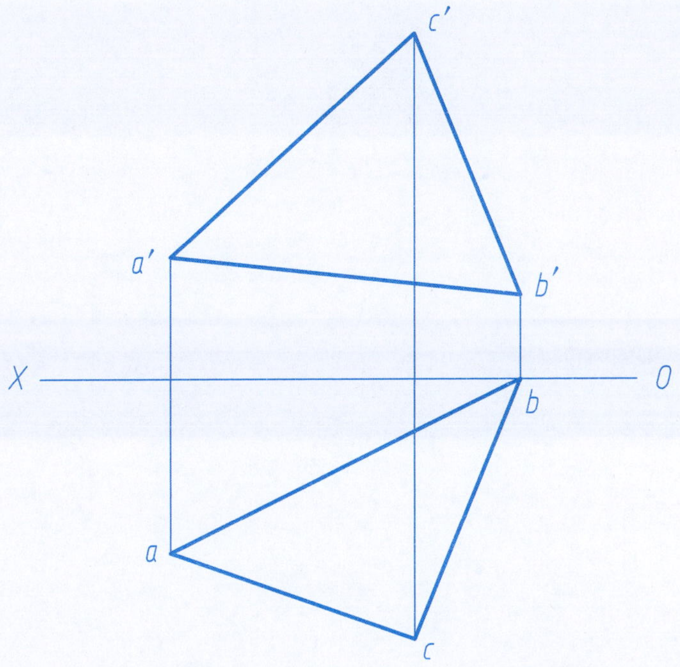

10. 在平面△ABC 上取一点 K，使点 K 到 V 面、H 面的距离均是 20 mm，试作出点 K 的 V 面、H 面投影。

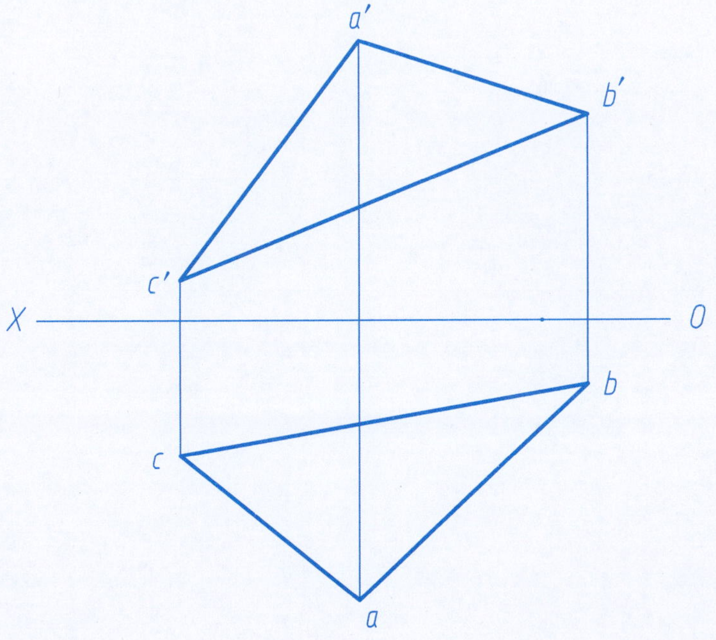

11. 求平面△ABC 的 α 角（用平面最大斜度线求解）。

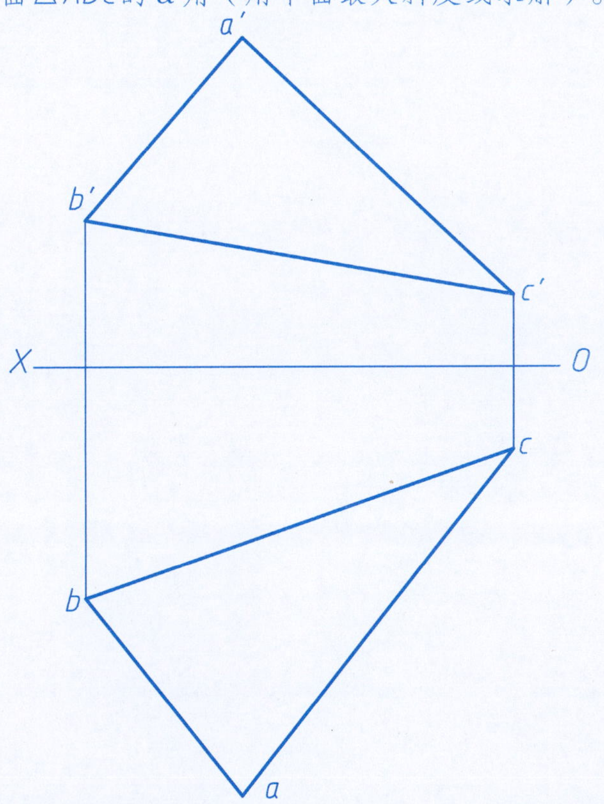

12. 已知一圆心为 A、直径为 30 mm 的侧平圆，试作出该圆的三面投影。

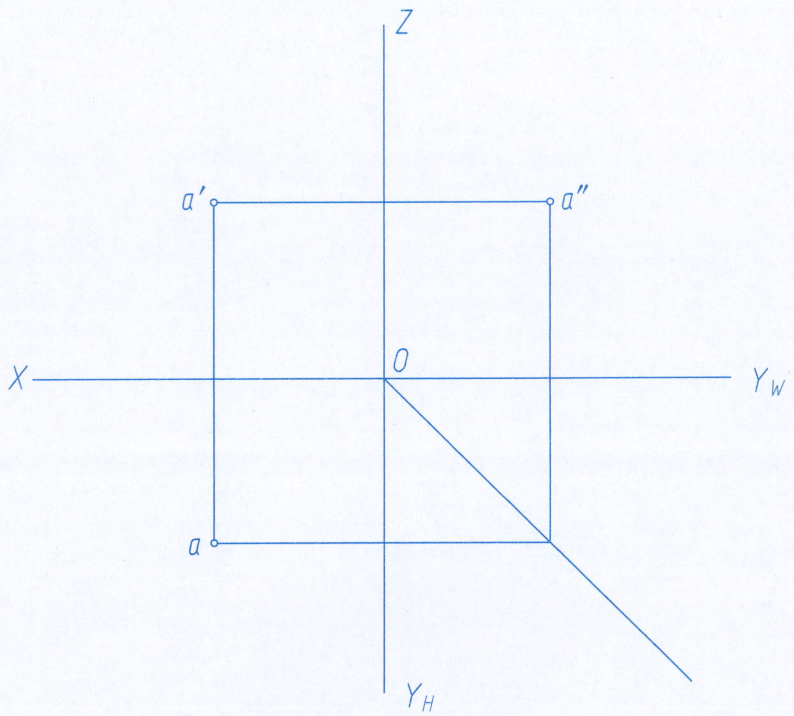

1.已知$EF//\triangle ABC$,求作$e'f'$。

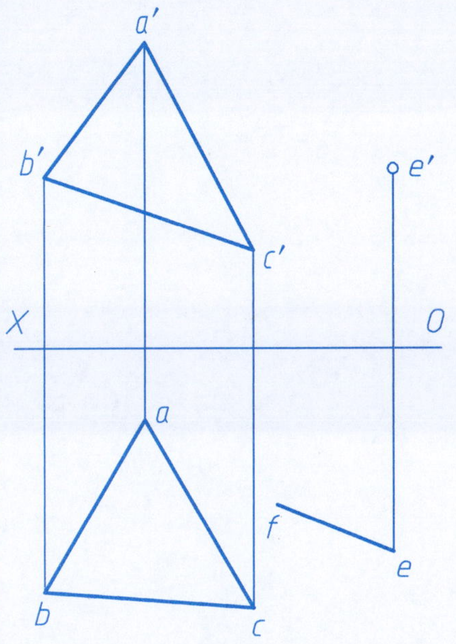

2.已知$EF//\triangle ABC$,求作$\triangle ABC$正面投影。

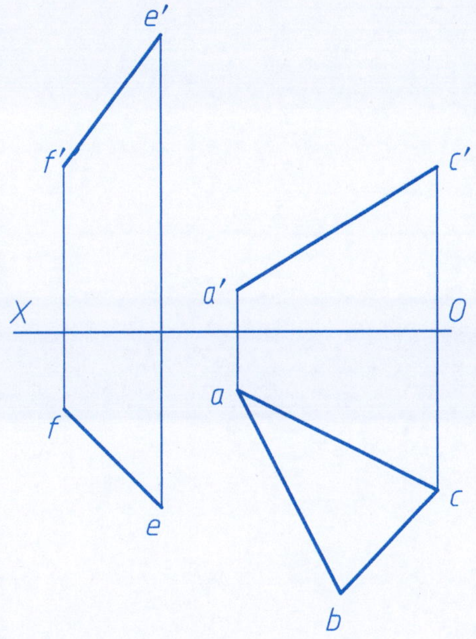

3.求直线DE与平面$\triangle ABC$的交点K的投影,并判别直线DE投影的可见性。

(1)

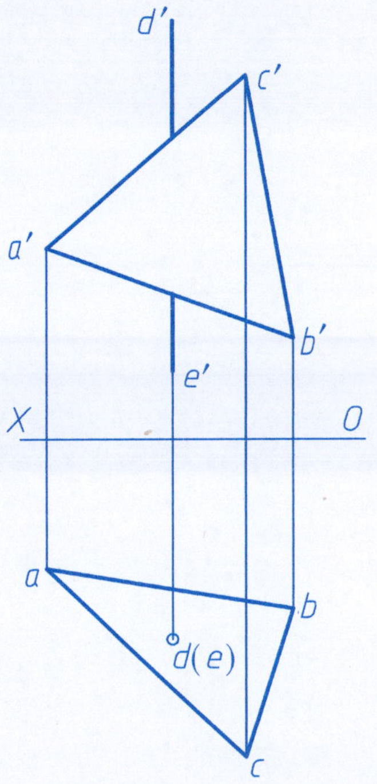

(2)

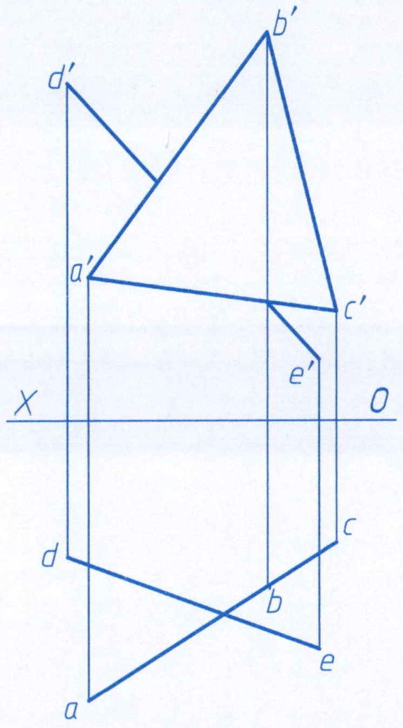

4.作出两平面的交线,并判别可见性。

(1)

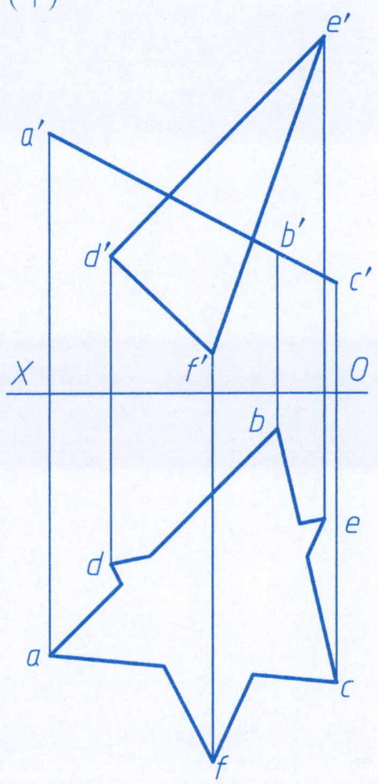

(2)

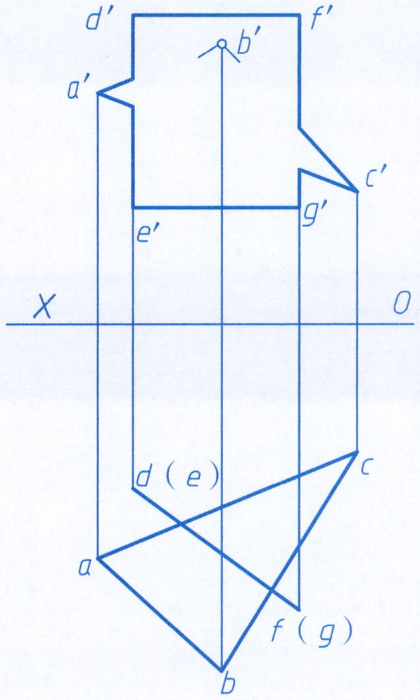

5.过点M作已知平面的垂线MK,并作出垂足K的投影。

(1)

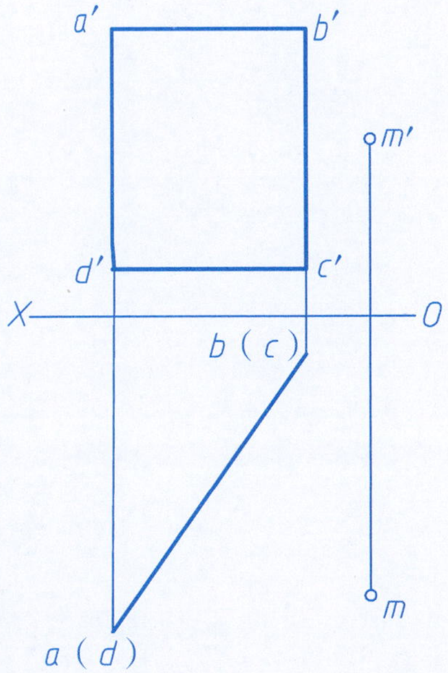

(2)

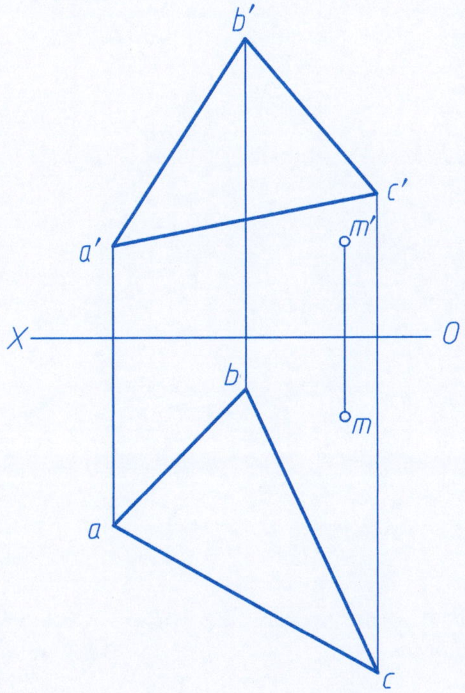

6.求直线EF与$\triangle ABC$的交点,并表明可见性。

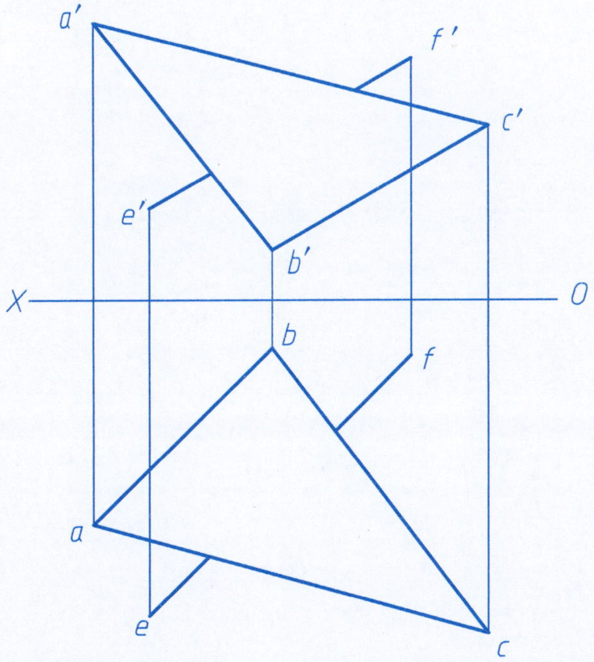

7.求$\triangle ABC$与$\triangle DEF$的交线,并表明可见性。

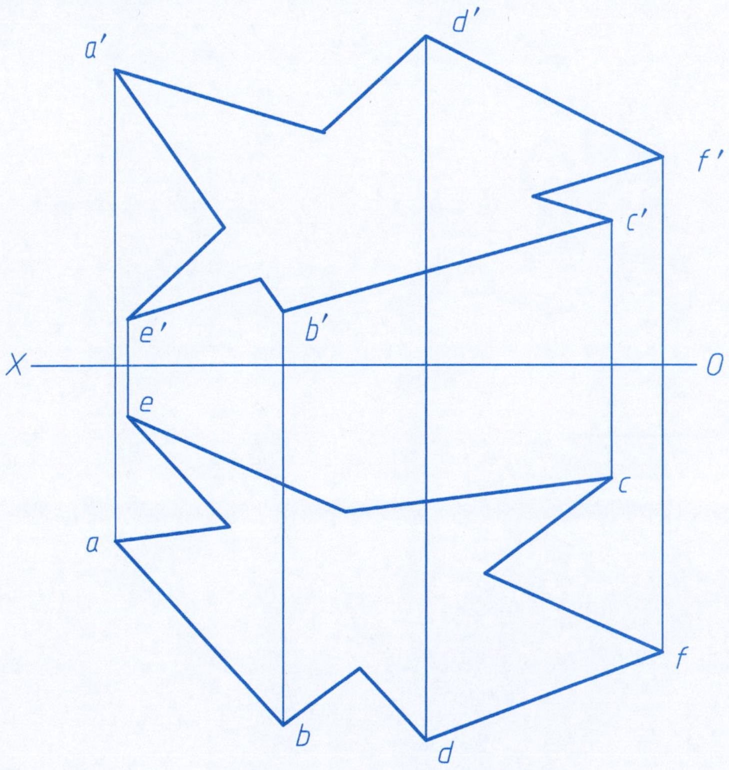

1.求直线*AB*的实长及其对*H*面的倾角 α 和对*V*面的倾角 β。

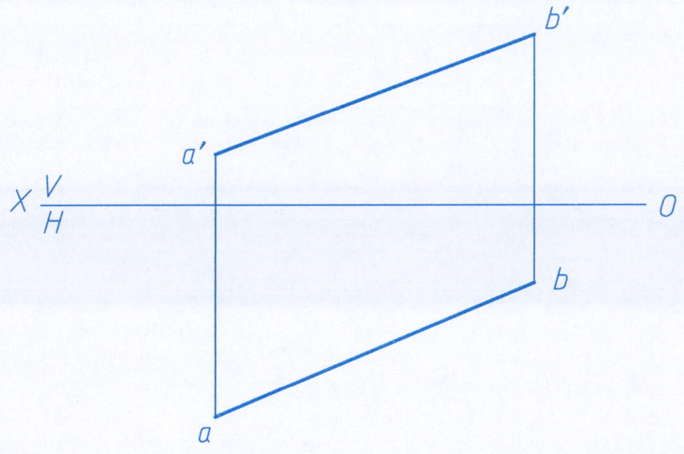

2.求平面△*ABC*对*V*面的倾角 β。

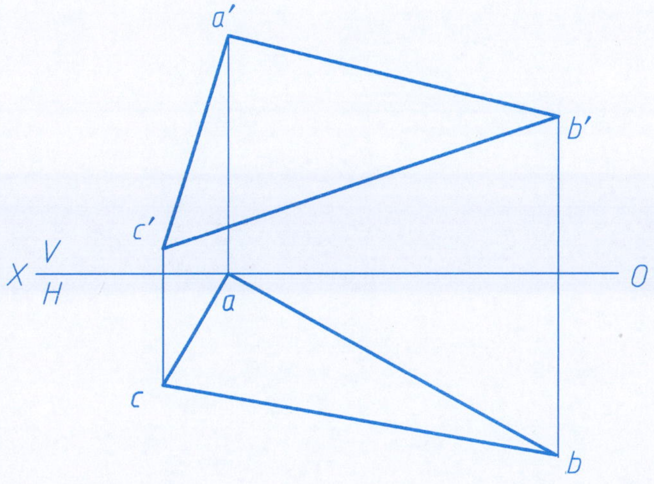

3.求点*A*到平面△*BCD*的距离，并作出垂足*K*的投影。

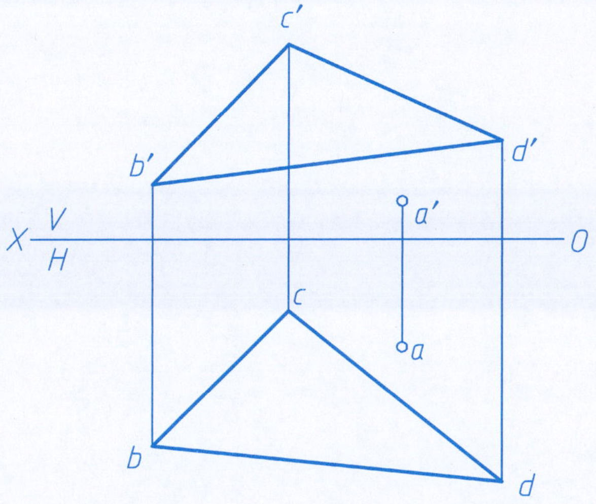

4.已知两平行直线*AB*,*CD*相距12 mm,求*CD*的*V*面投影(有两解，只作一解)。

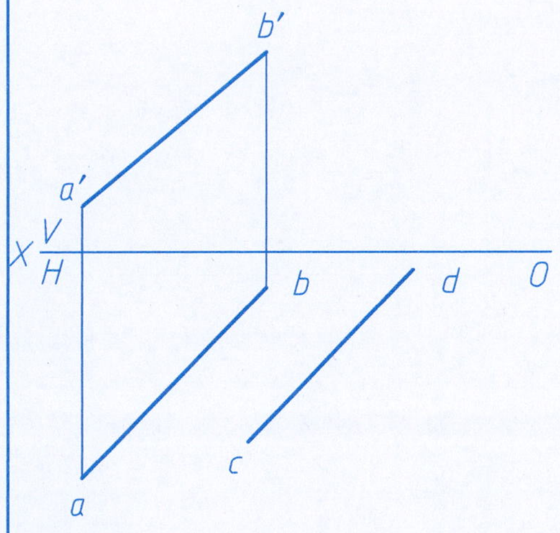

5.在直线*AB*上求一点*K*，使之与两平面*MNC*，*MND*等距。

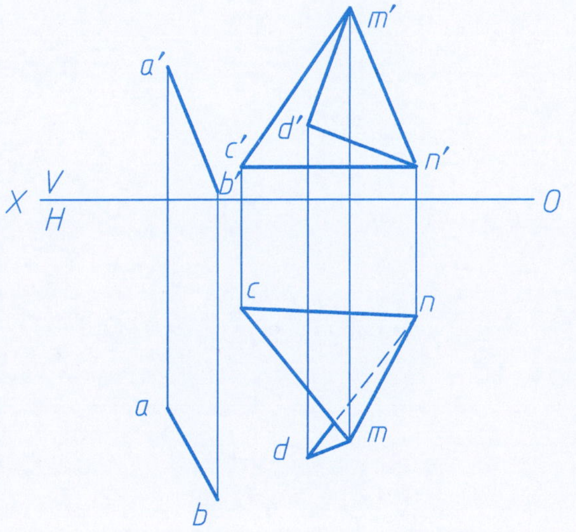

解题指导

6.求交叉两直线*AB*，*CD*公垂线的实长及它的*V*，*H*面投影。

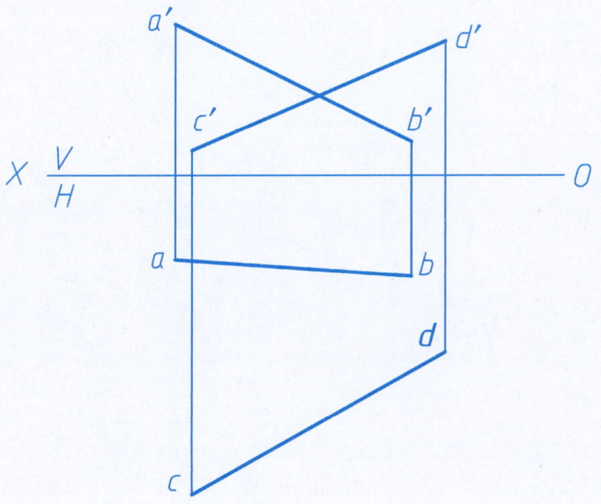

已知平面体的两面投影，求作第三面投影，并完成体表面上点、线的另两个投影。

(1)

(2)

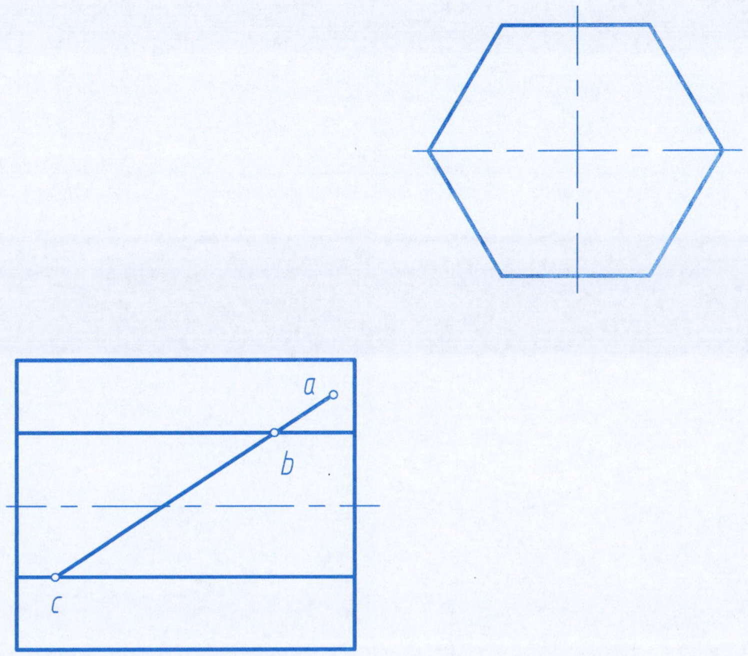

(3)

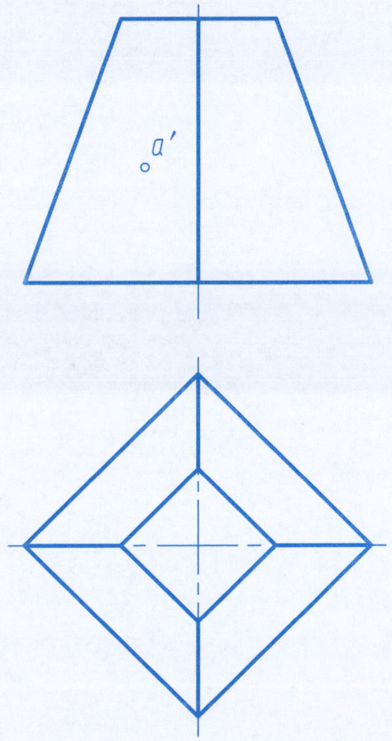

(4)

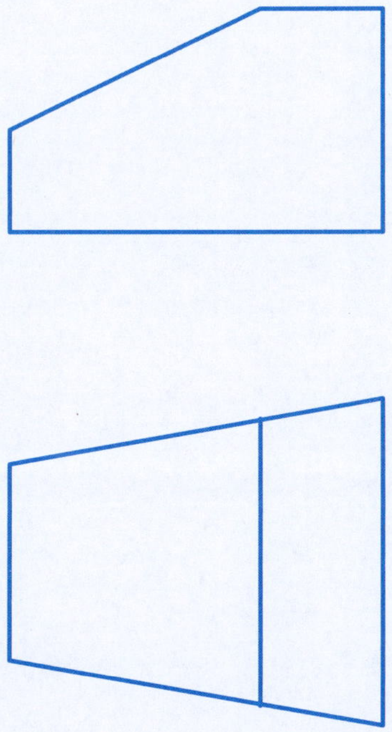

(5)

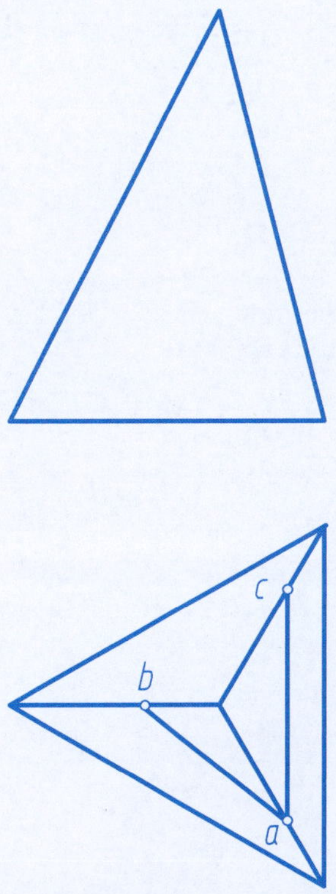

(6)

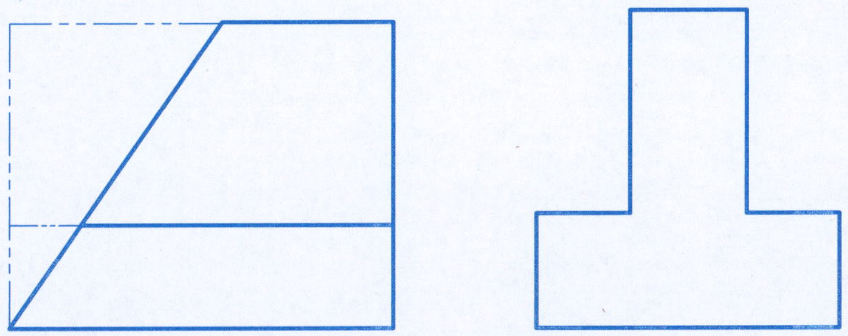

已知回转体的两面投影，求作第三面投影，并完成体表面上点、线的另两个投影。

(1)

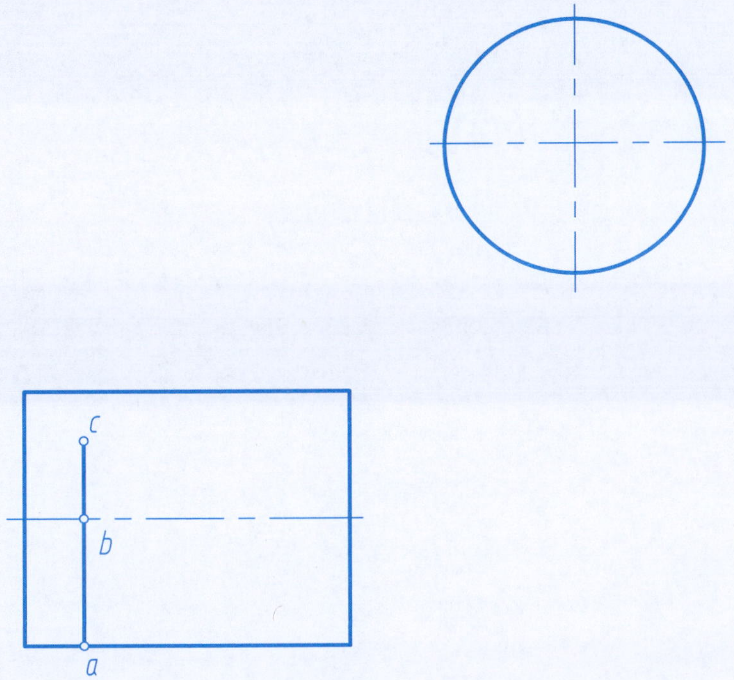

(2)

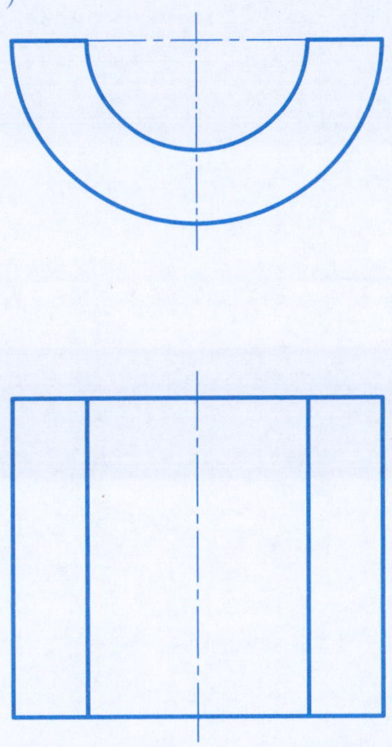

(3)

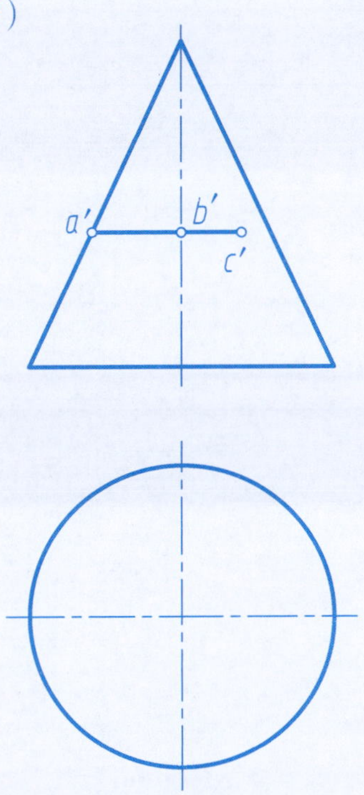

(4) ABCDA为圆锥面上的封闭曲线。

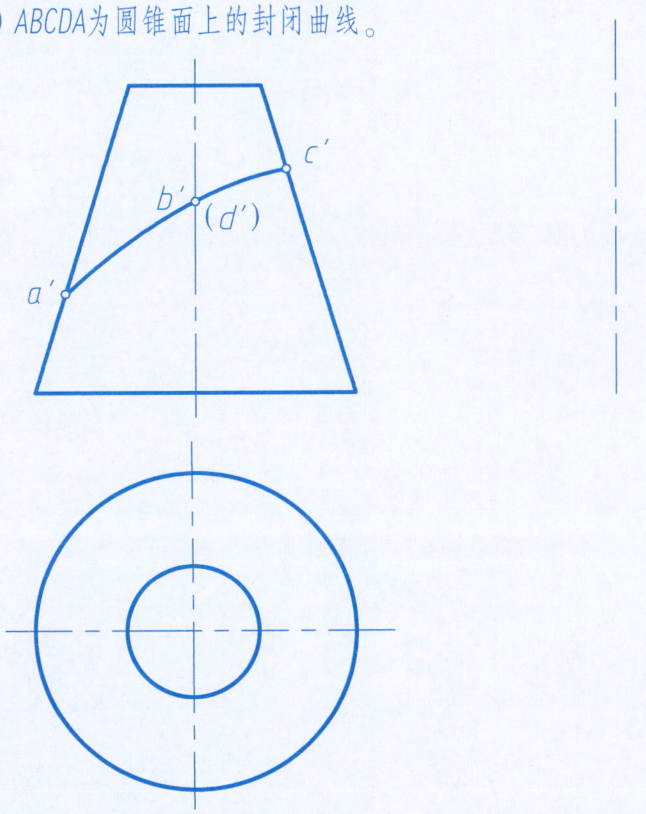

(5)

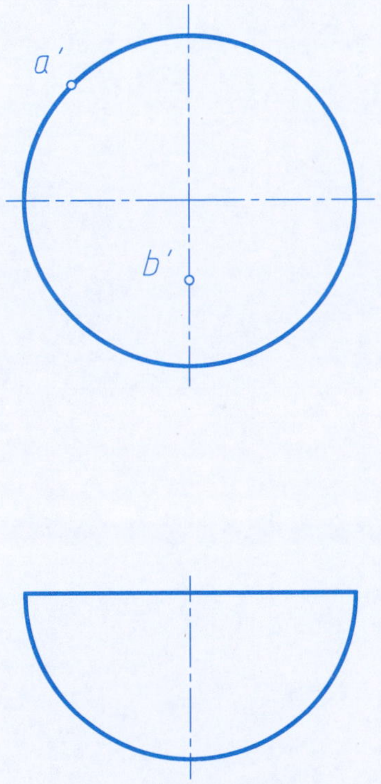

(6)

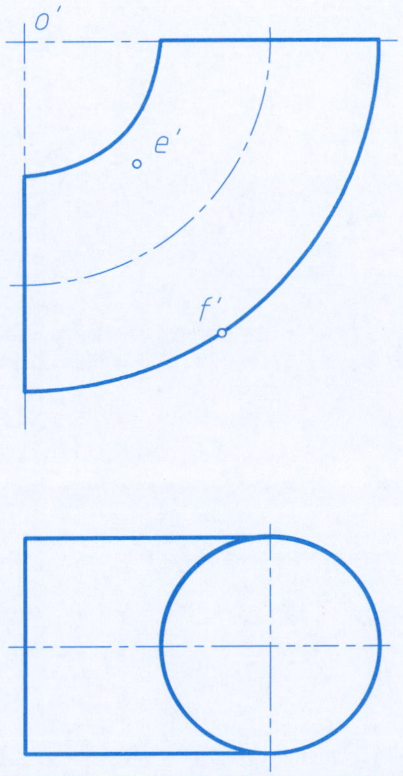

1. 作四棱锥被正垂面截切后的俯视图和左视图。

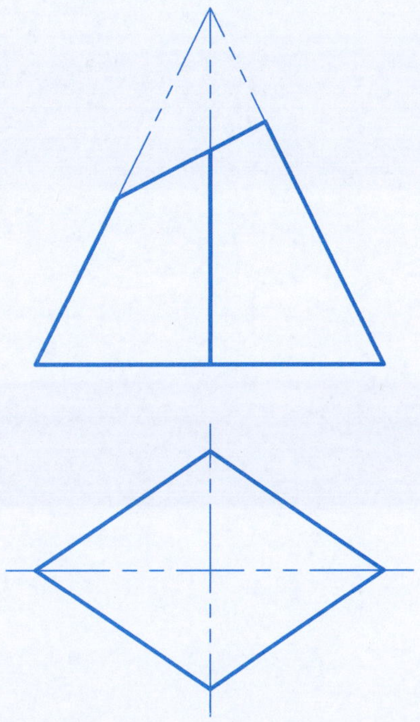

2. 作三棱锥被截切后的俯视图与左视图。

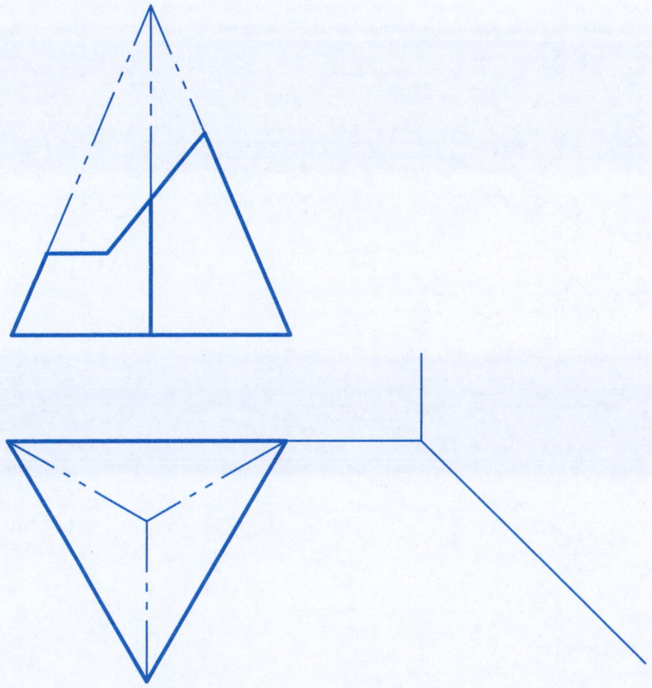

3. 作出正六棱柱被截切后的左视图。

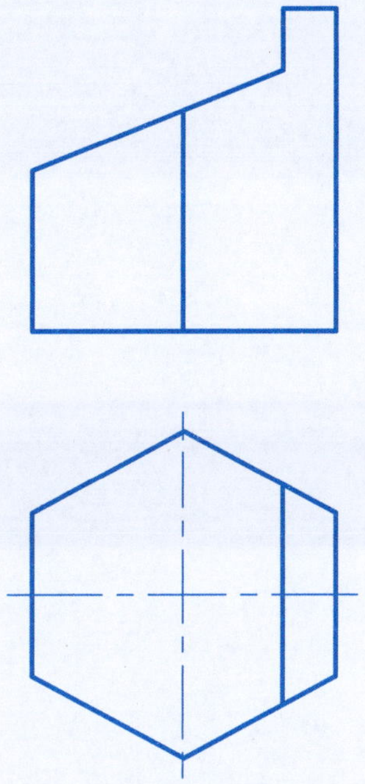

4. 作出四棱锥被两平面截切后的俯视图和左视图。

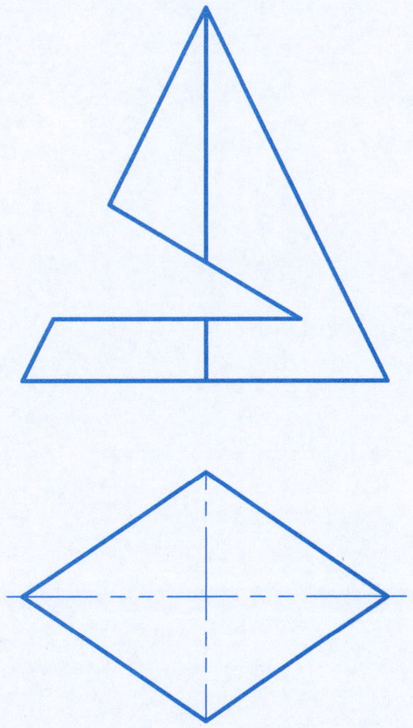

5. 作出立体的水平投影。

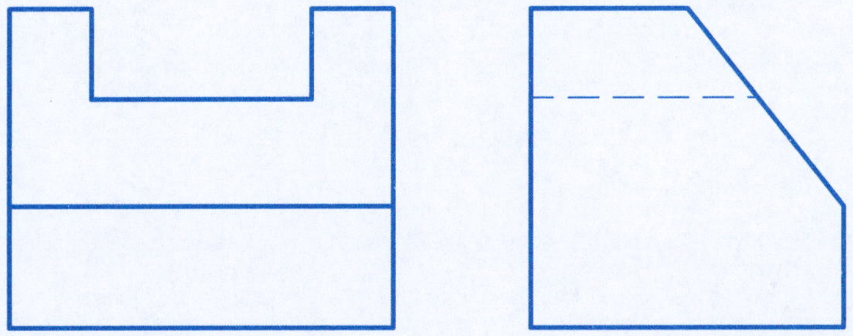

6. 作出穿有矩形孔的三棱柱的左视图。

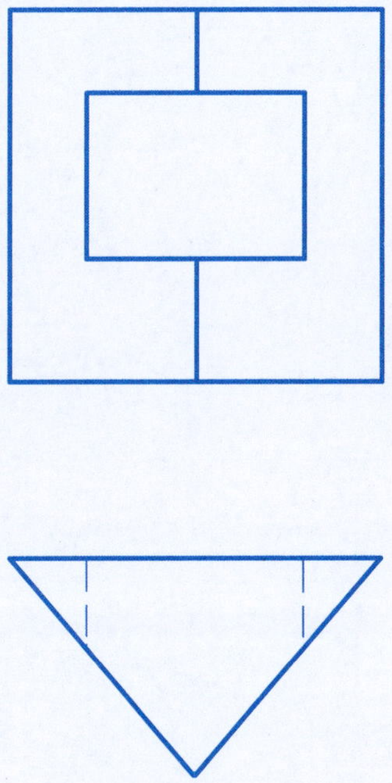

1.完成圆柱被截切后的俯视图。

2.完成圆柱被截切后的左视图。

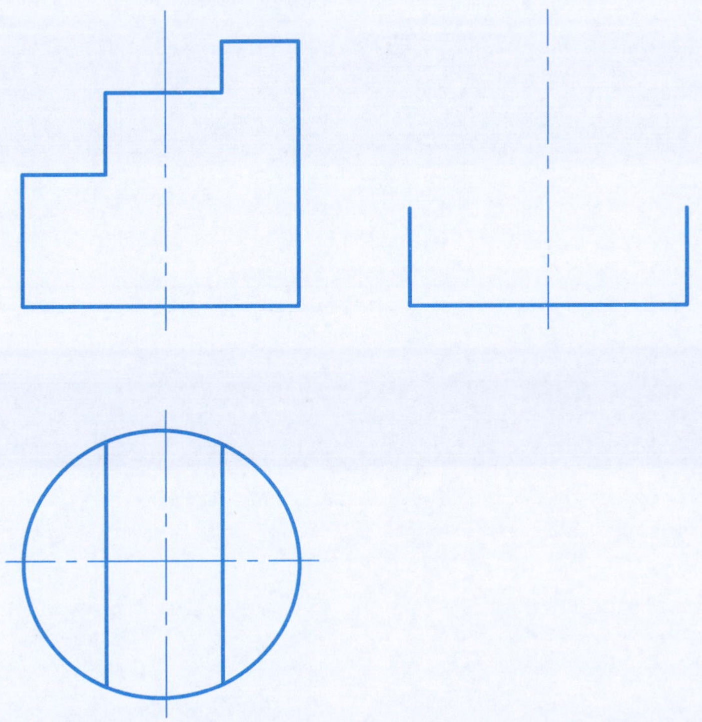

3.完成圆柱被穿方孔后的左视图。

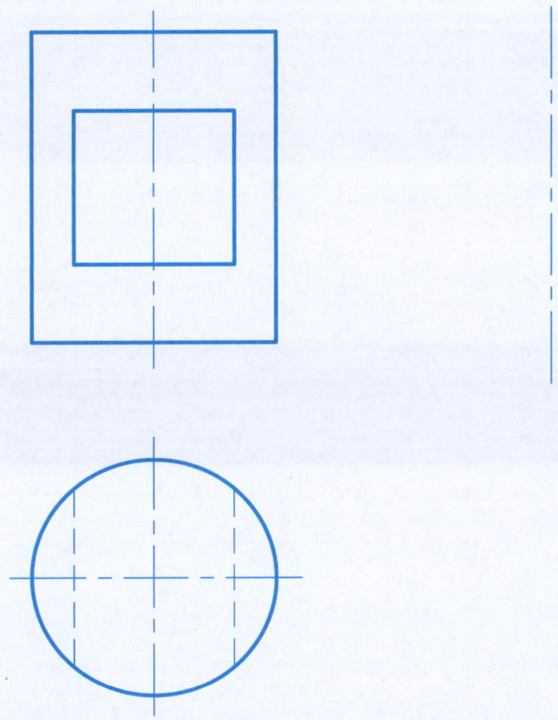

4.完成圆柱被截切后的左视图。

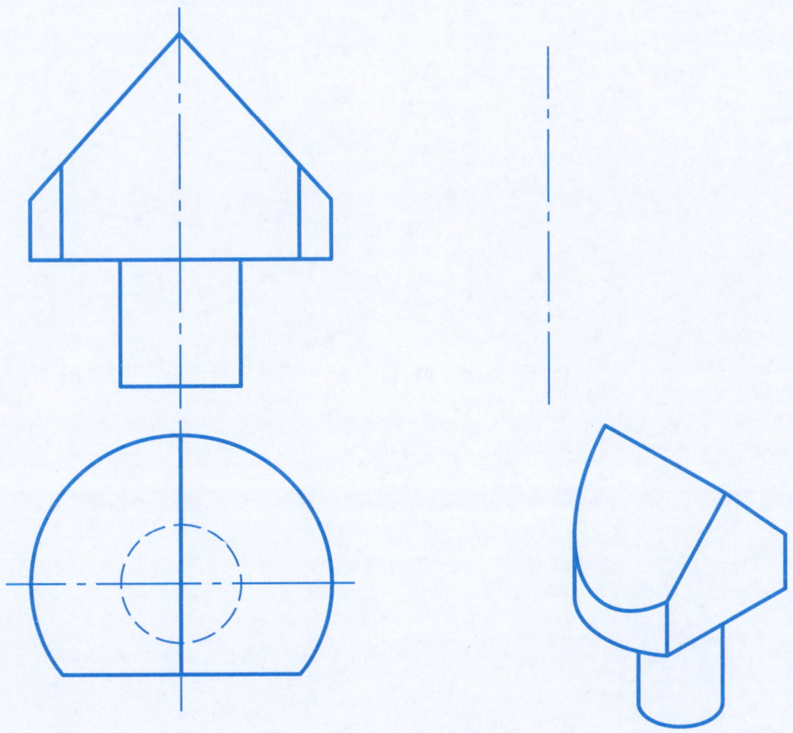

5.完成圆柱被截切后的左视图。

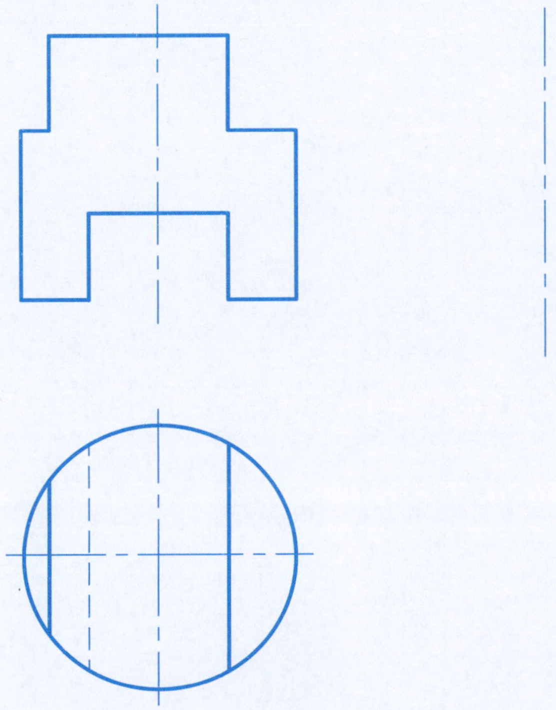

6.求作侧面投影。

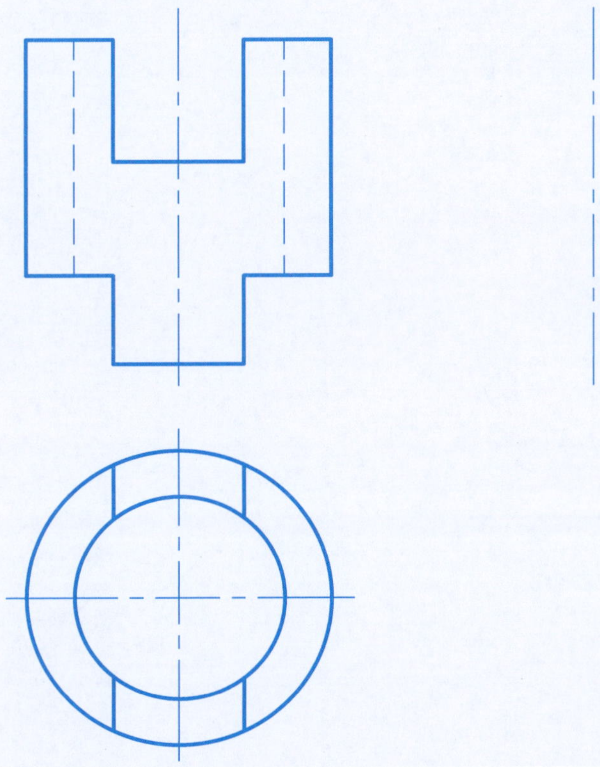

7. 完成圆锥被截切后的俯视图与左视图。

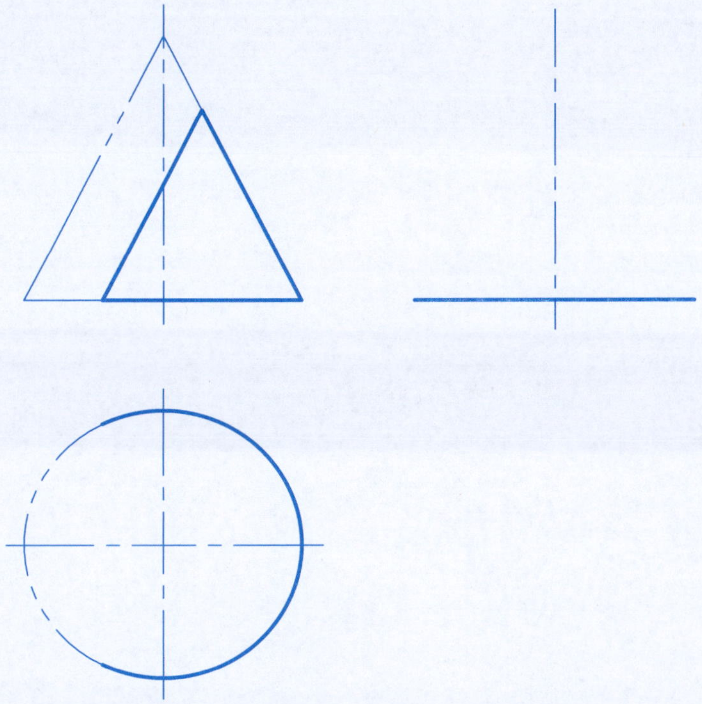

8. 完成圆锥被截切后的俯视图。

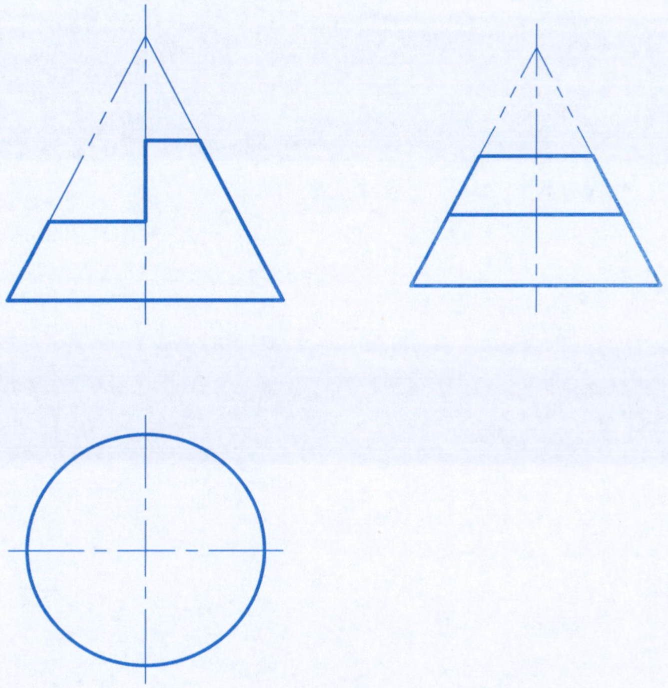

9. 完成圆锥被截切后的左视图与俯视图。

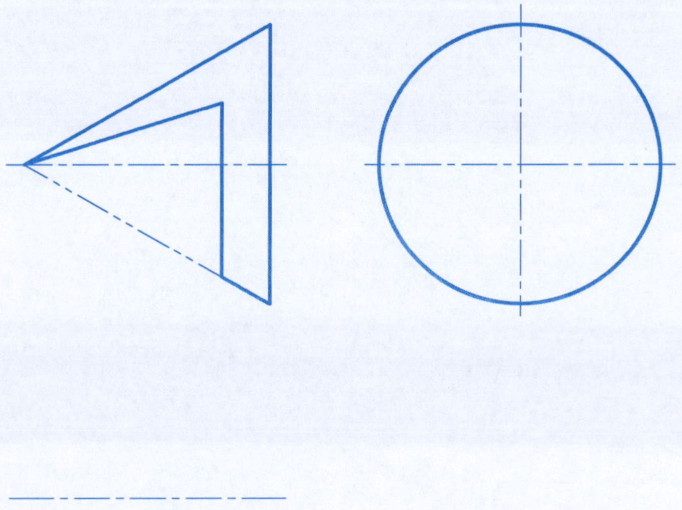

10. 圆台被切通槽，完成圆台被截切后的俯视图与左视图。

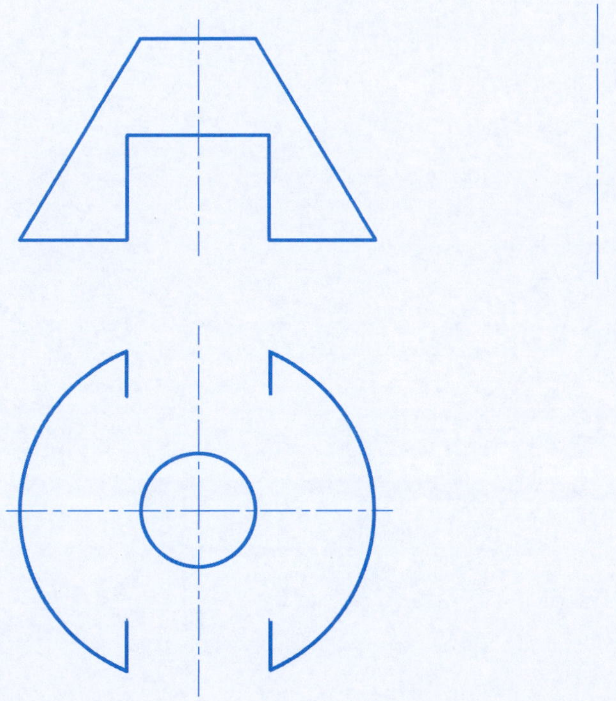

11. 完成圆球被截切后的俯视图和左视图。

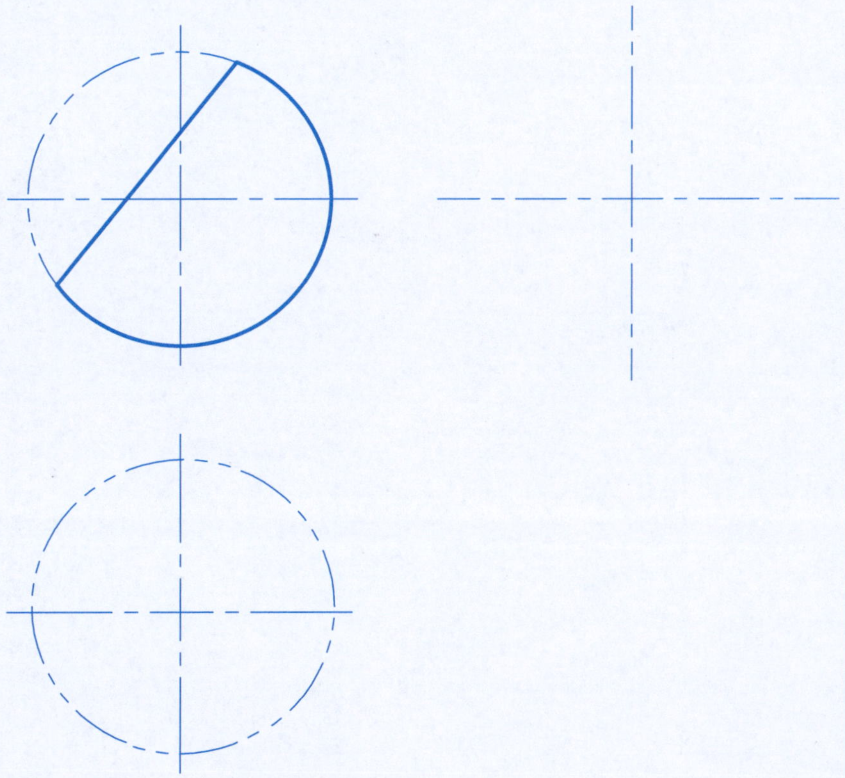

12. 完成半圆球被截切后的俯视图与左视图。

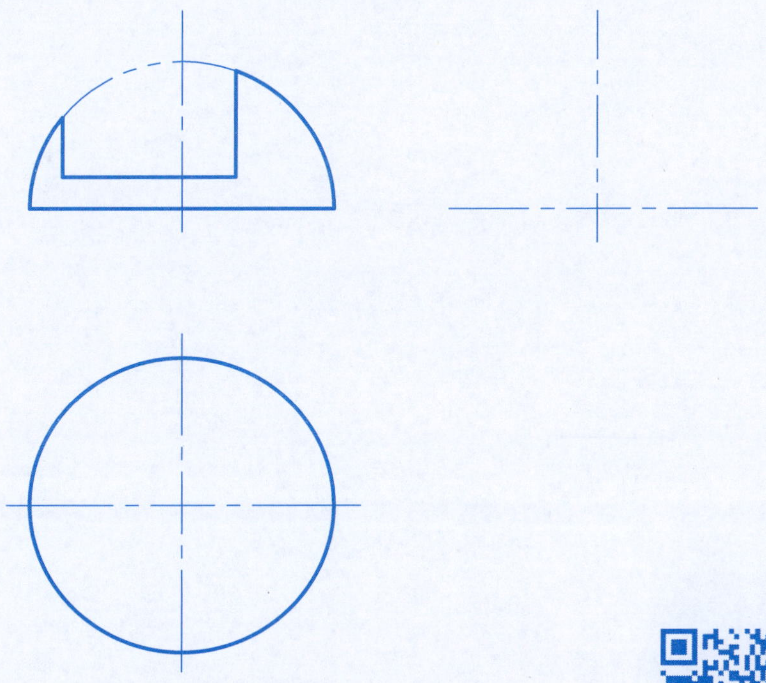

13. 完成组合回转体被截切后的投影。

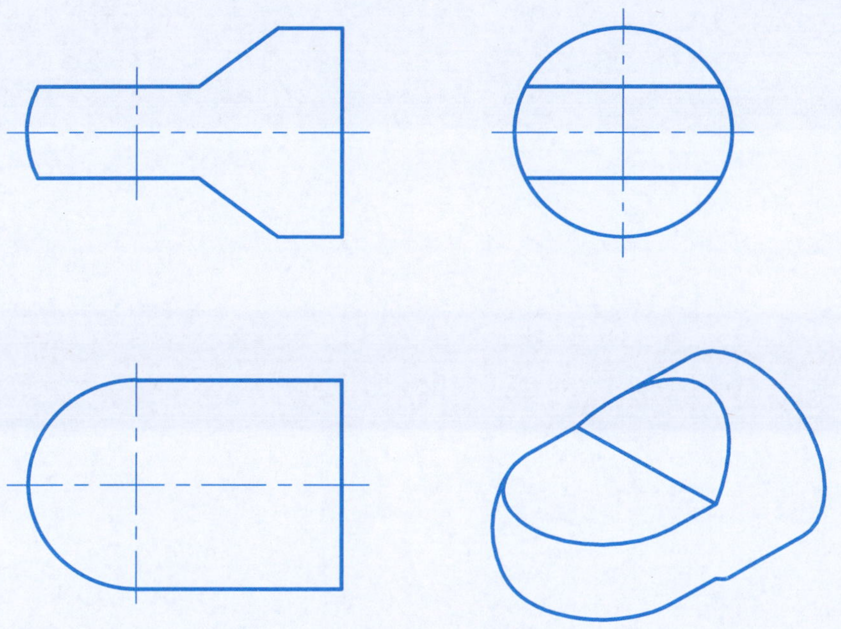

14. 完成顶尖的俯视图。

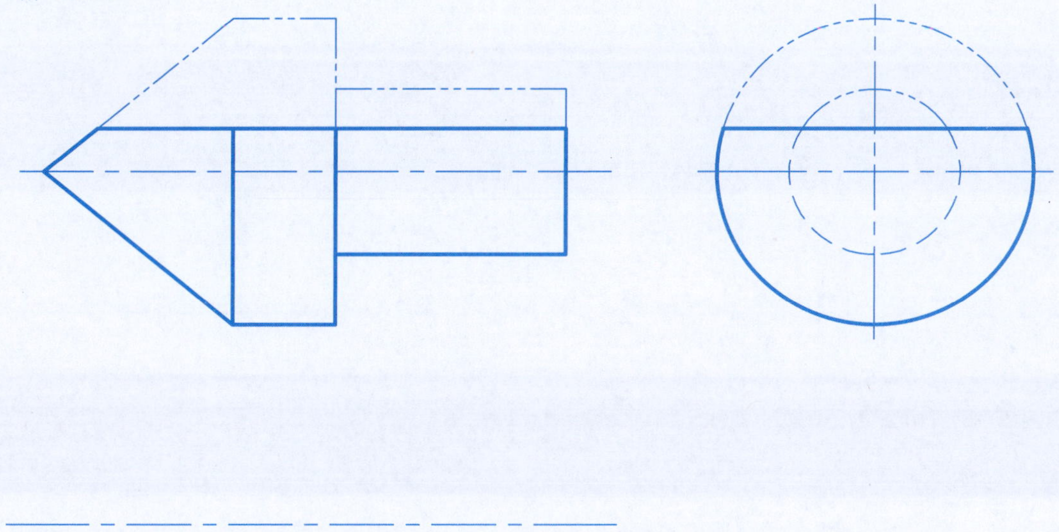

解题指导

15. 求组合回转体的俯视图。

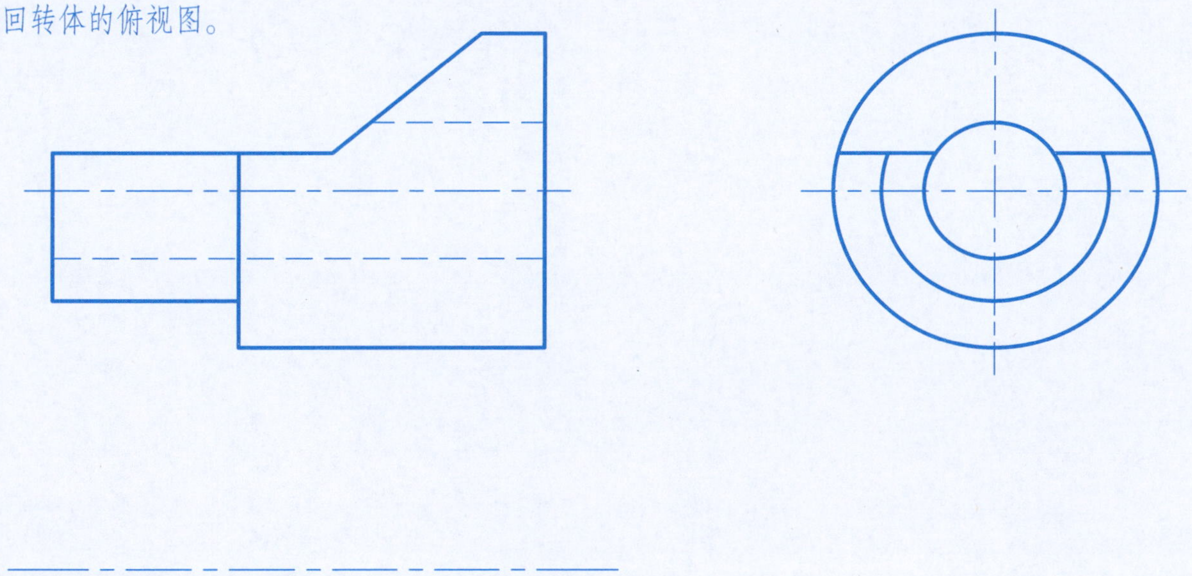

16. 完成组合回转体的投影。

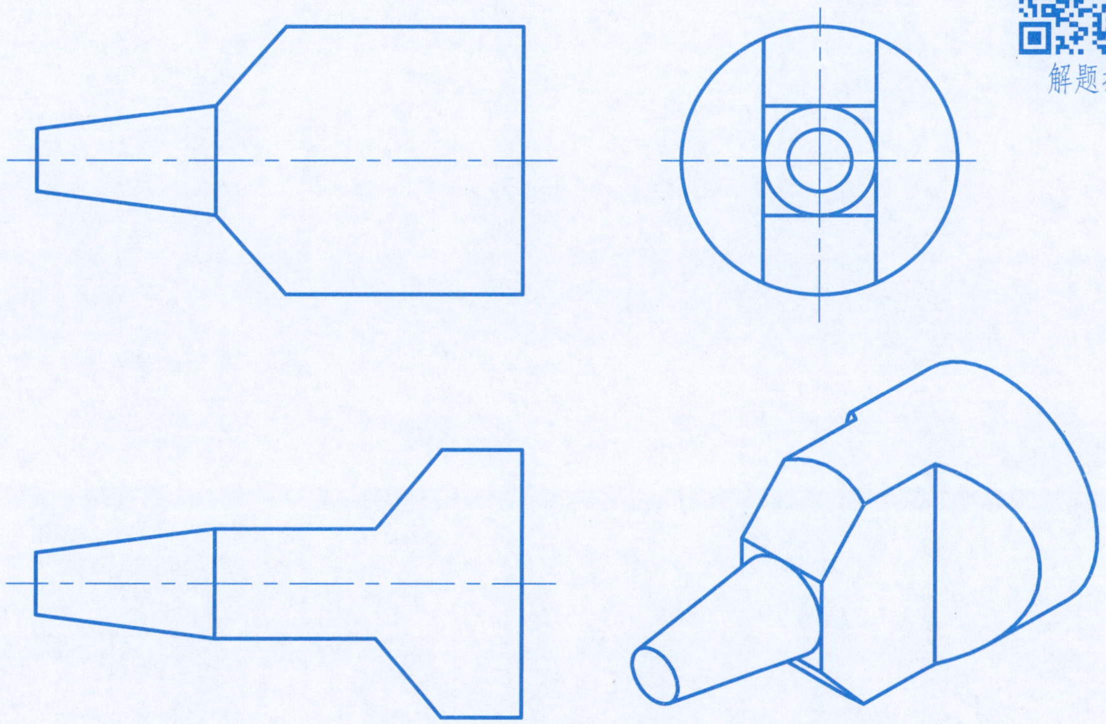

1. 求相贯线的投影。

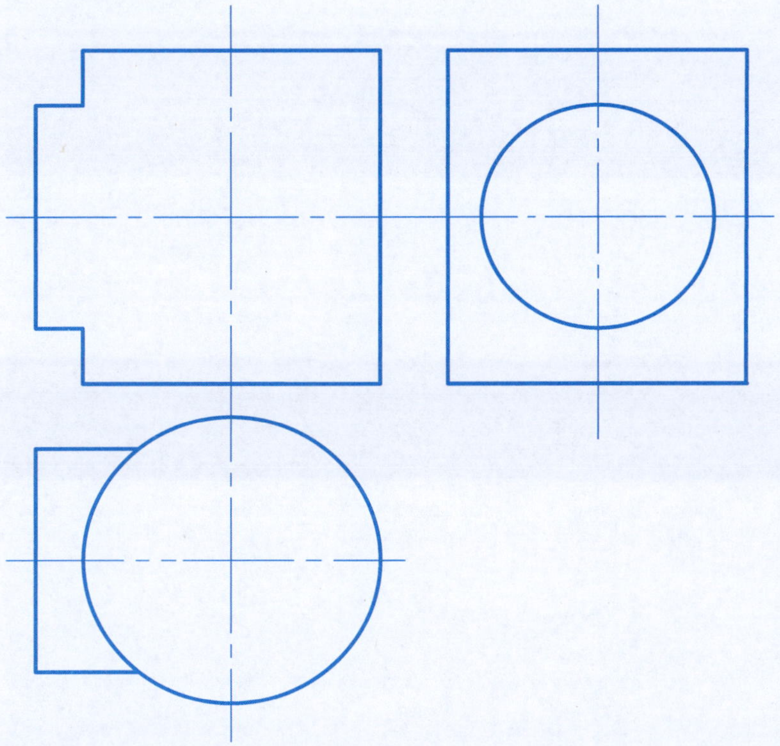

2. 求相贯线的投影。

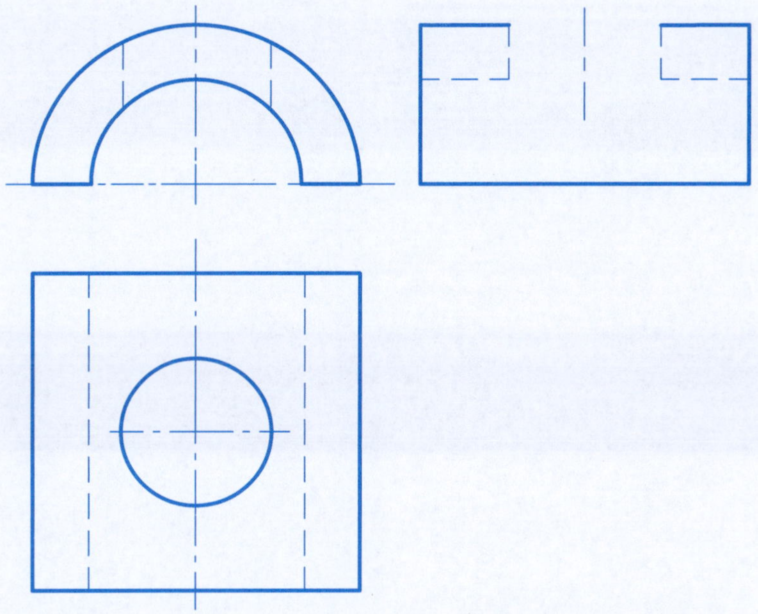

3. 补全穿孔圆柱表面交线的投影。

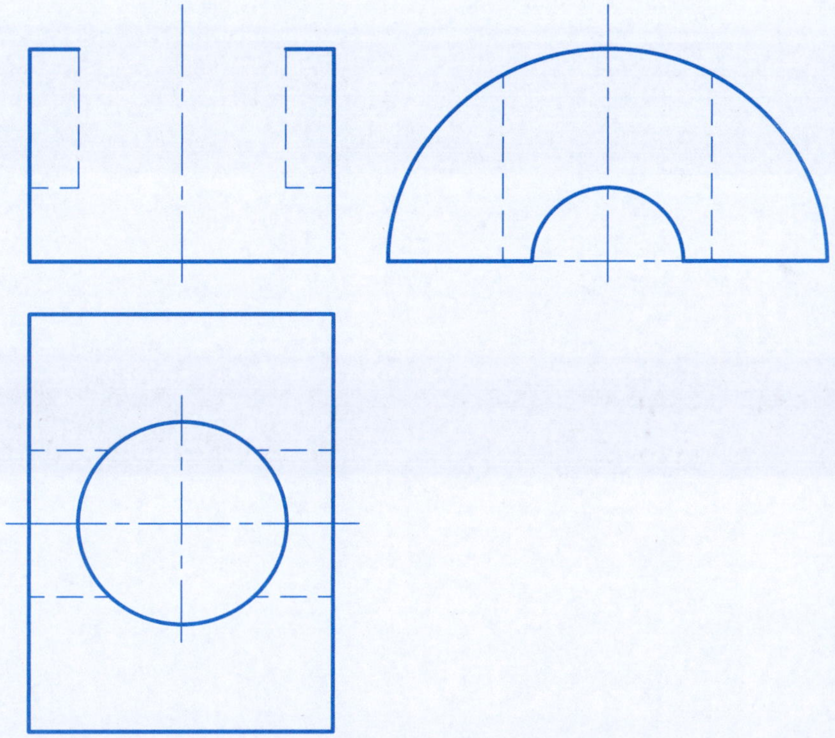

4. 补全立体的正面投影。

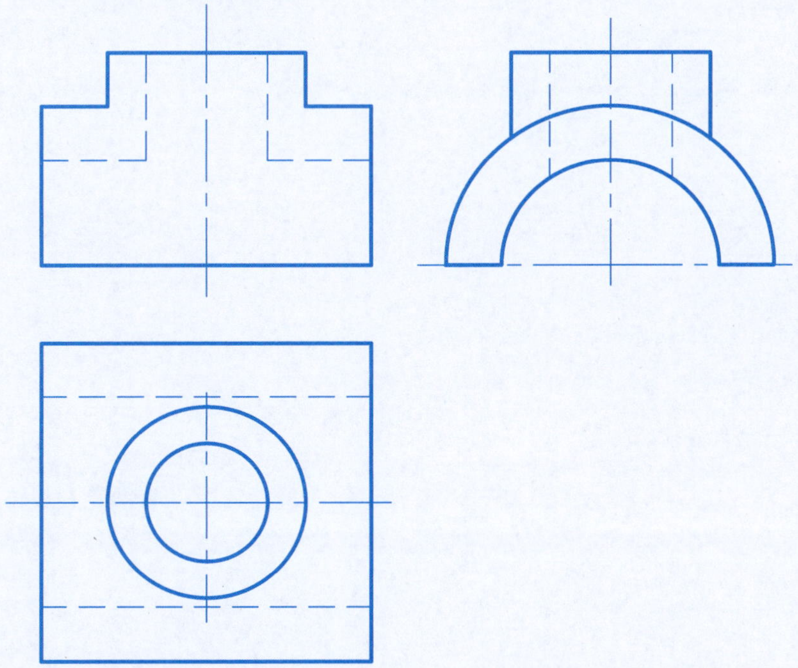

5. 求相贯线的投影。

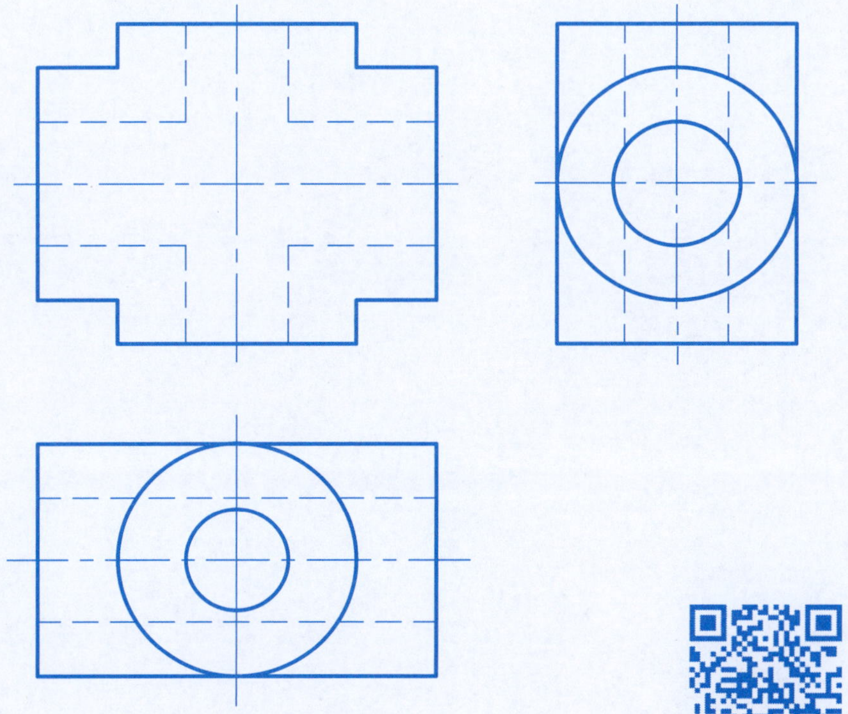

6. 补画圆柱表面交线的投影。

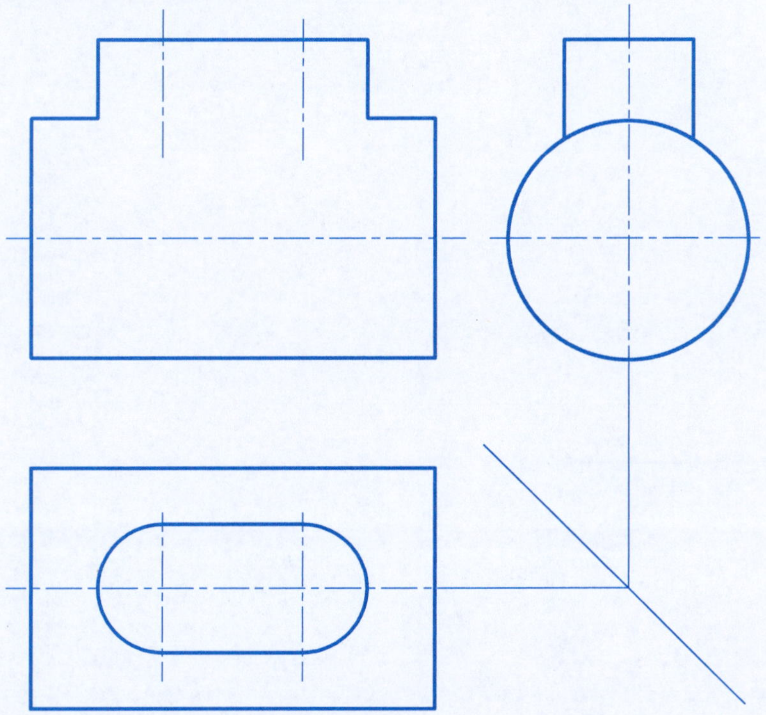

7. 完成圆柱与圆锥相贯后的主视图与俯视图。

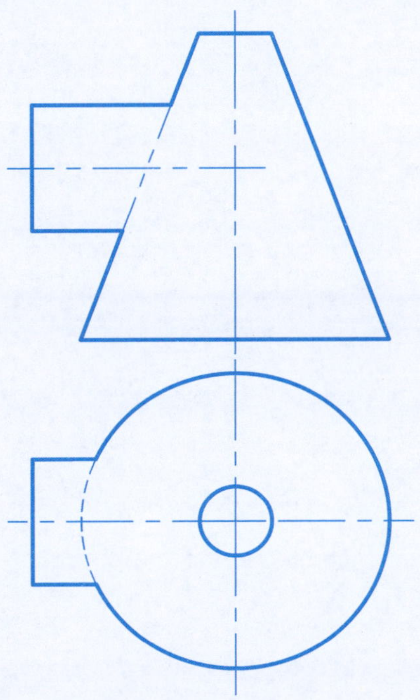

8. 求相贯线的正面投影。

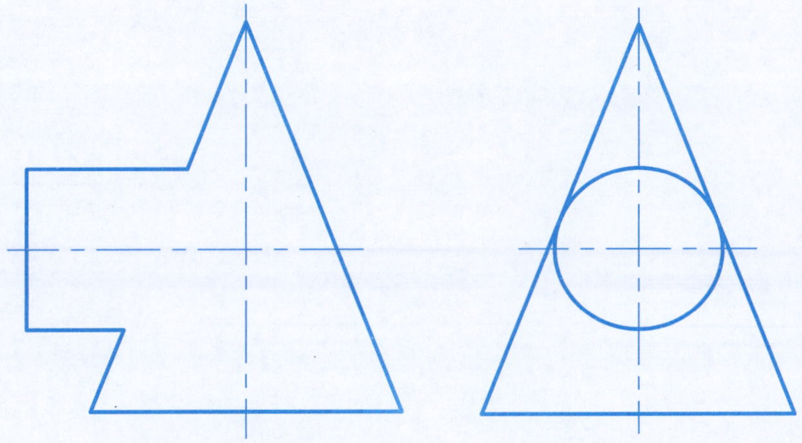

9. 补全三面投影（提示：该形体为带有两个圆柱形通孔的球体）。

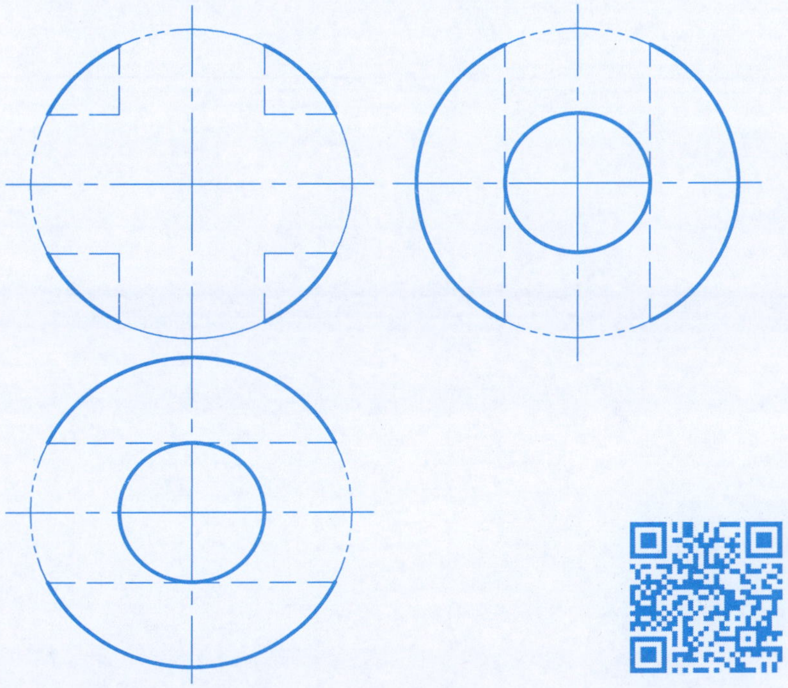

10. 完成圆锥与半球相贯后的三面投影。

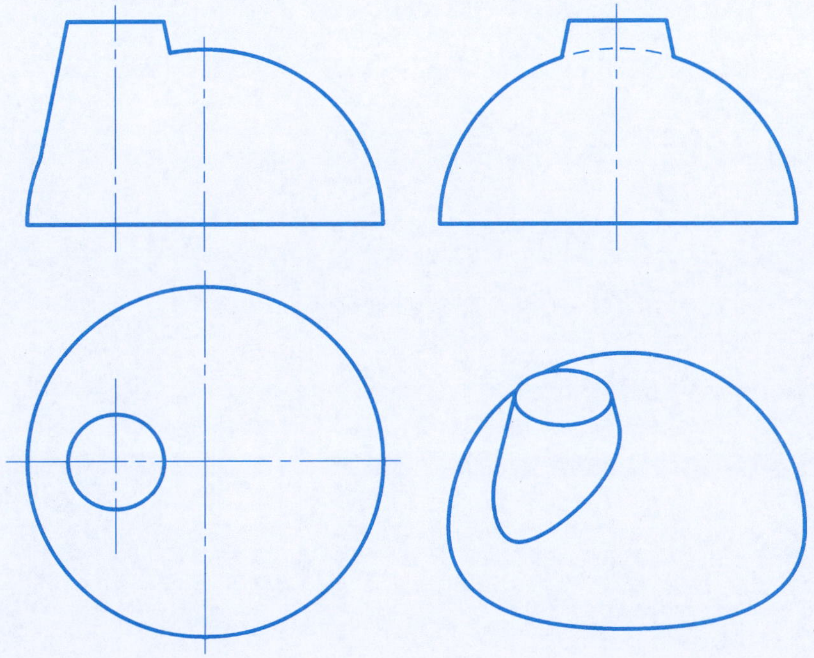

11. 补全主视图。

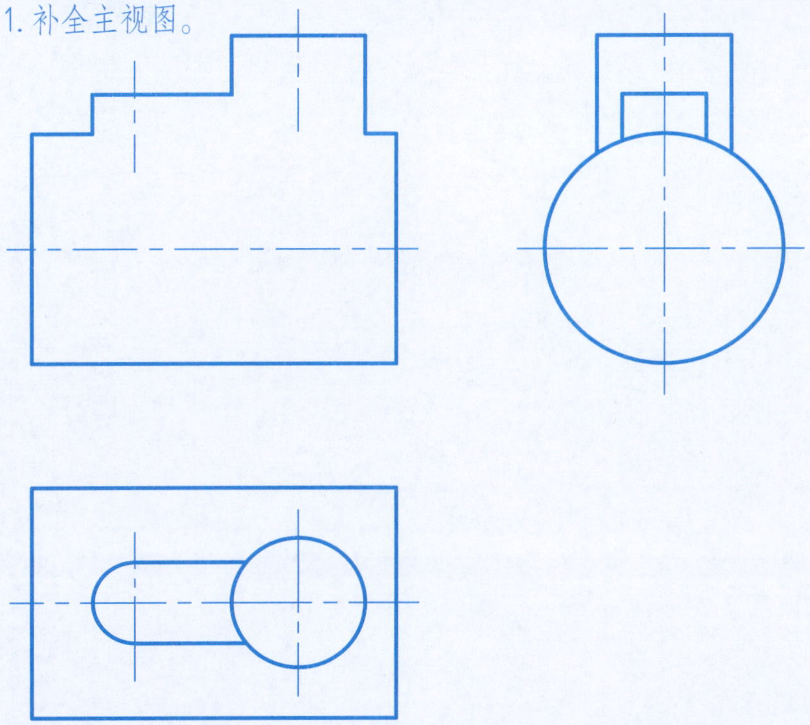

12. 求多体相贯的相贯线。

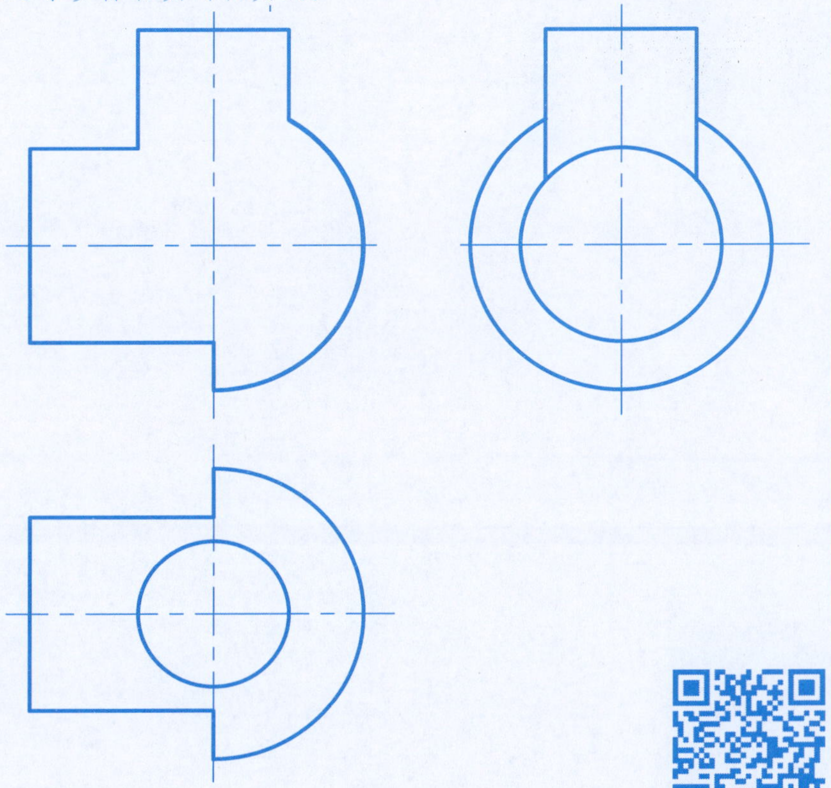

4.1　参照轴测图，补齐三视图中所缺的图线　　　专业班级　　　学号　　　姓名　　　

(1)

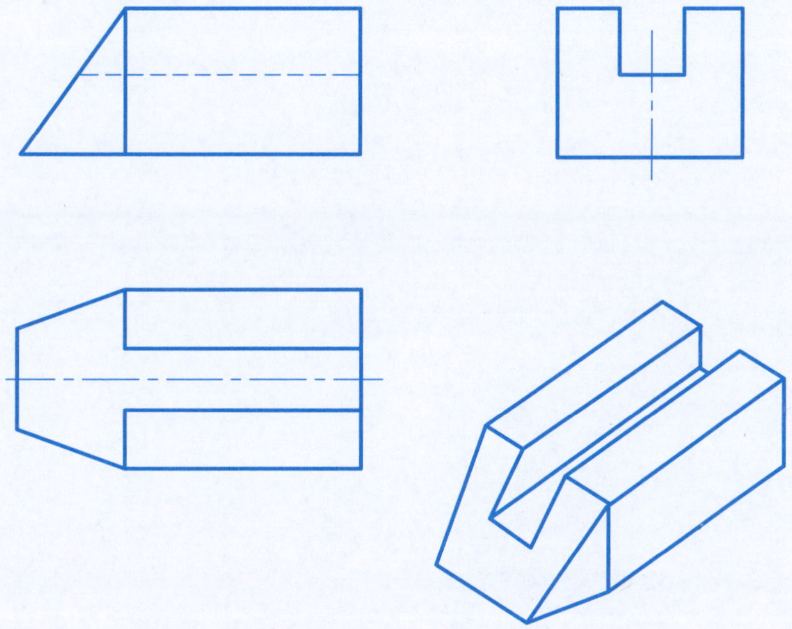

(2)

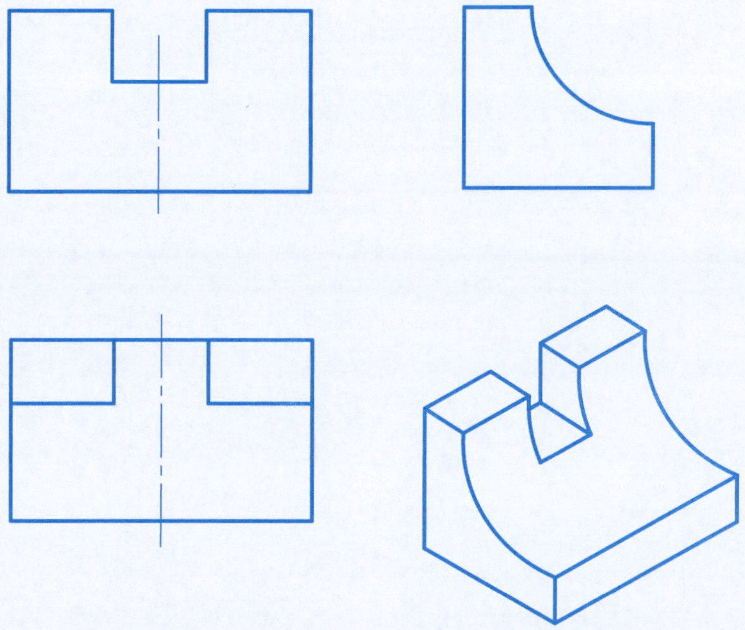

(3)

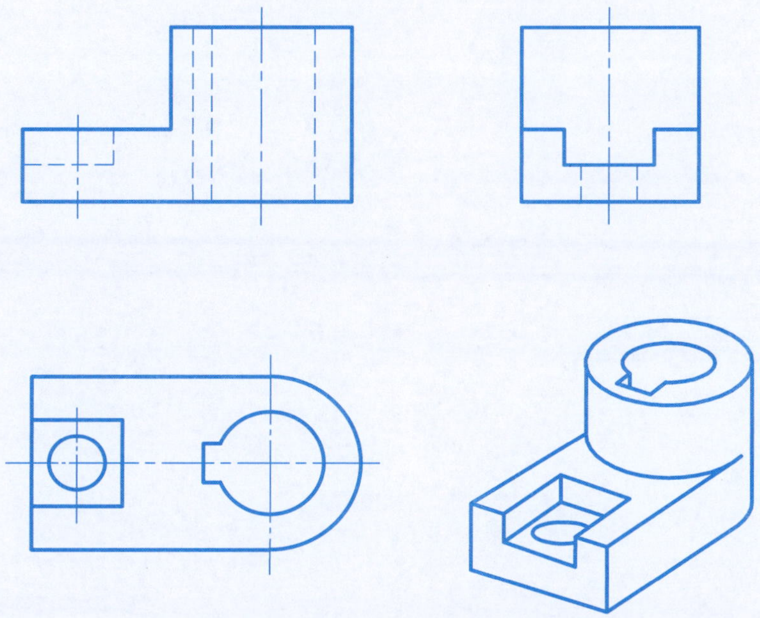

(4)

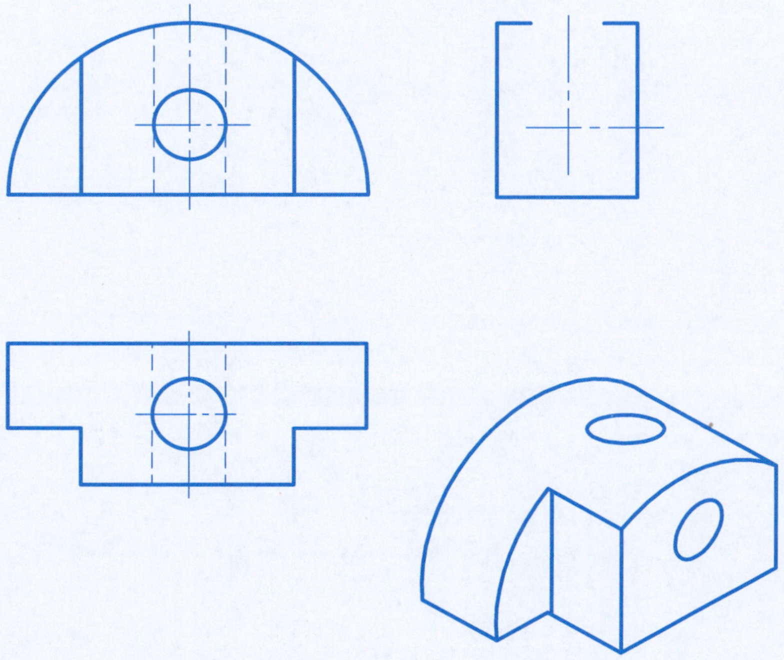

(5)

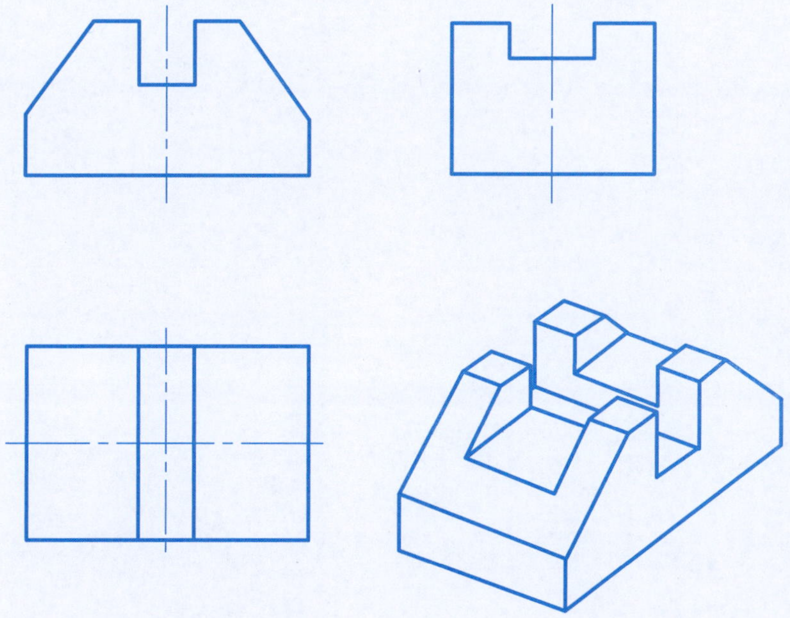

(6)

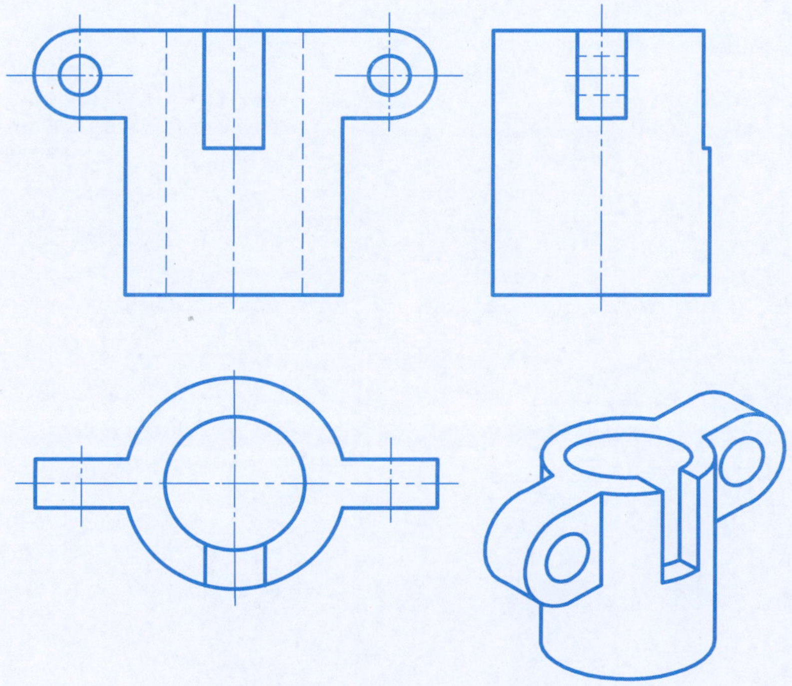

(1)

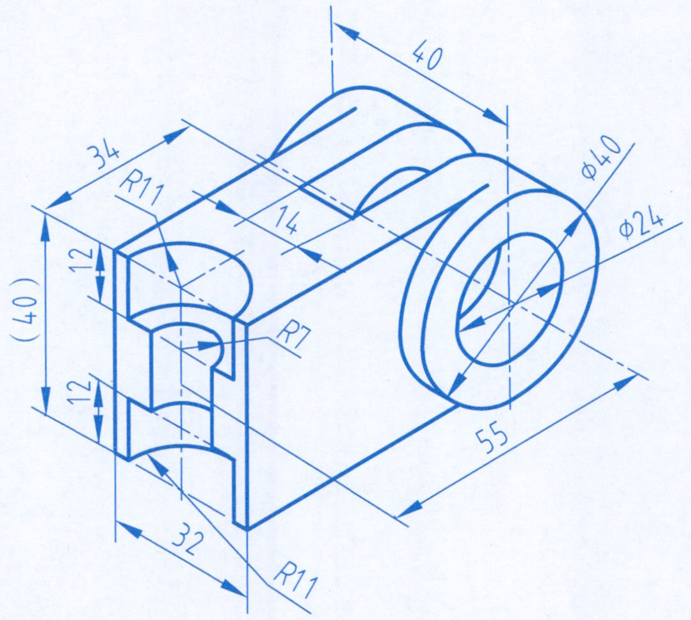
40
34
R11
14
ϕ40
ϕ24
12
(40)
R7
12
55
32
R11

(2)

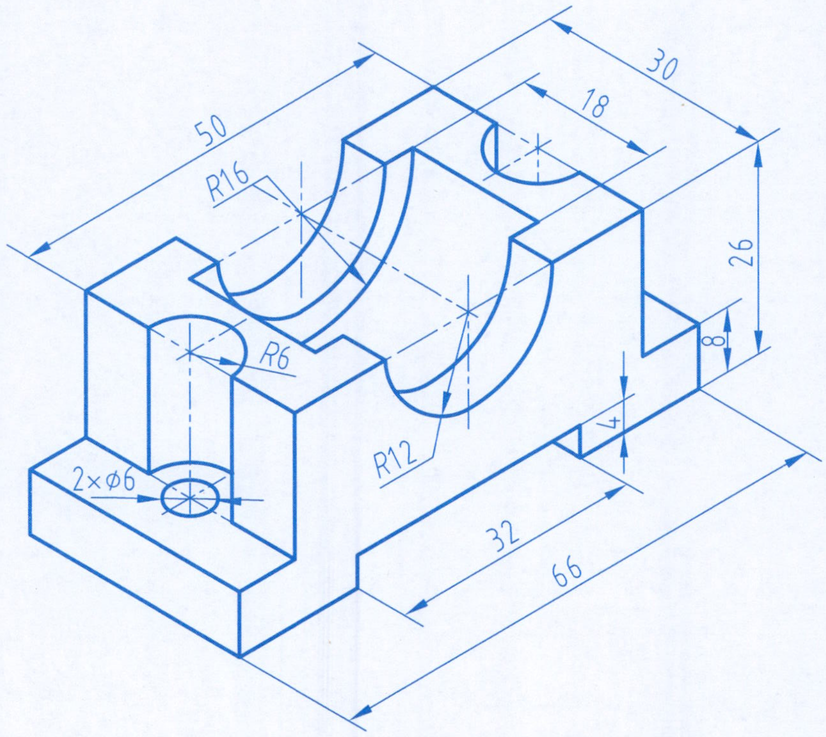
30
50
18
R16
26
R6
8
4
R12
2×ϕ6
32
66

（3）

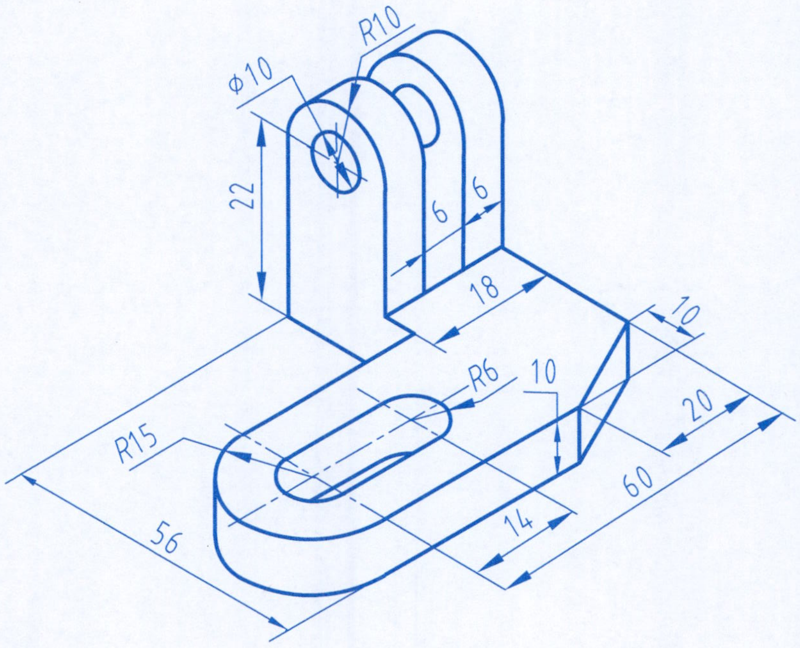
R10
φ10
22
6
6
18
10
R6
10
20
R15
60
14
56

（4）

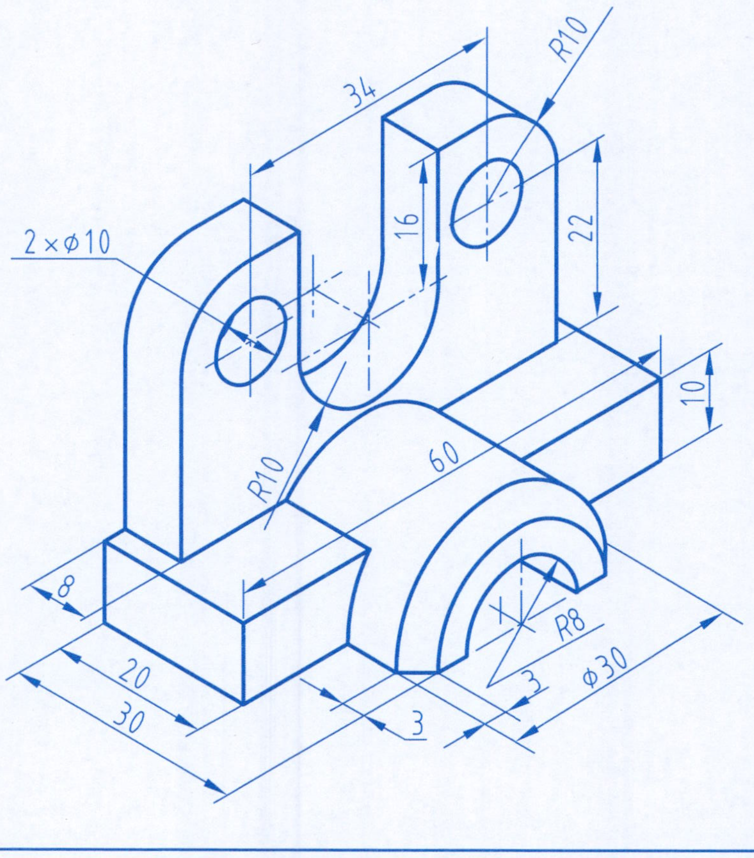
R10
34
16
22
2×φ10
10
60
R10
8
R8
20
3
φ30
30
3

1.看懂视图，分析尺寸，在图中注明立体长、宽、高3个方向的尺寸基准，并完成填空。

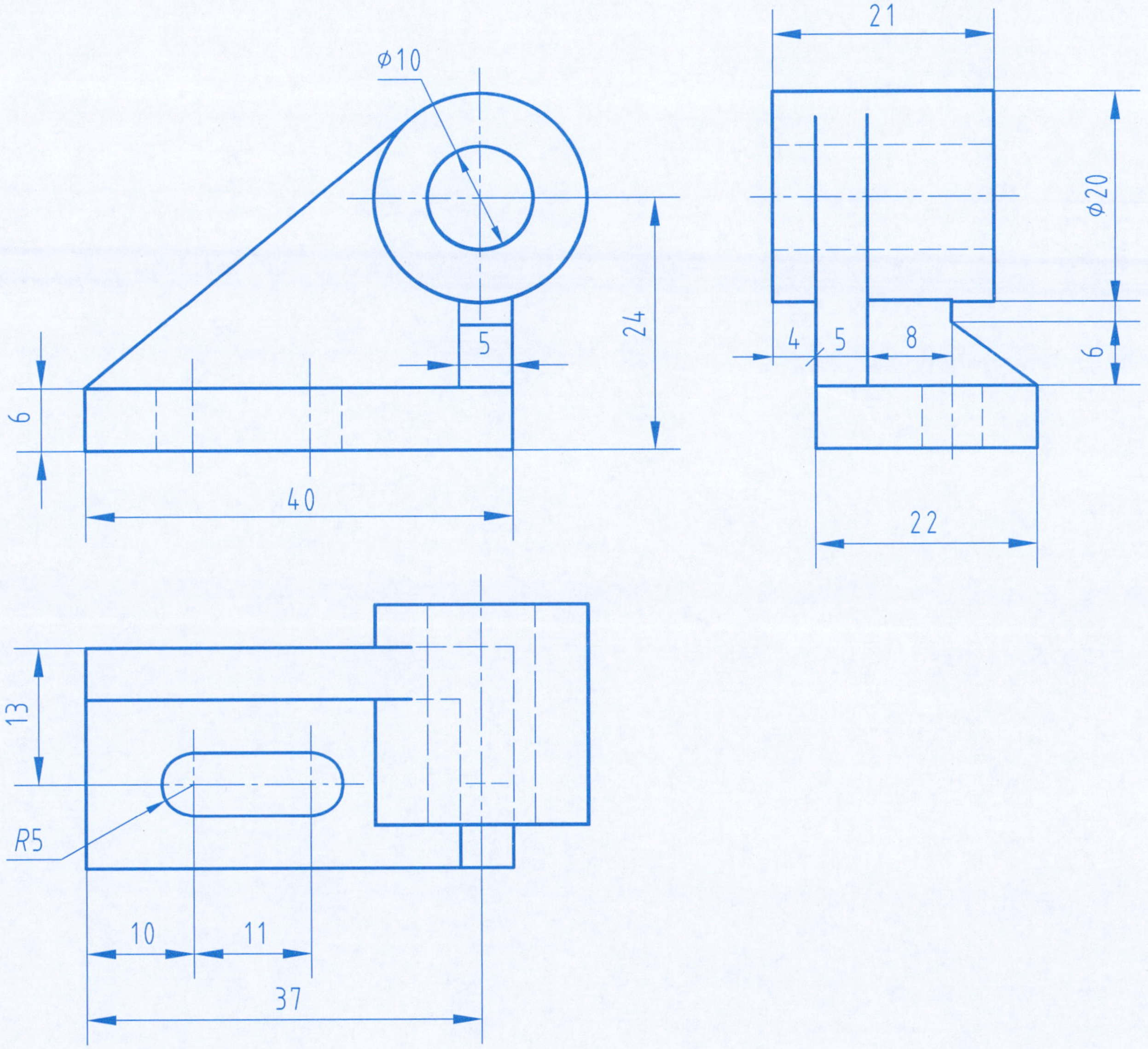

（1）圆筒的定形尺寸为______、______和______。

（2）底板的定形尺寸为______、______和______。

（3）圆筒高度方向的定位尺寸为______，宽度方向的定位尺寸为______，长度方向的定位尺寸为______。

（4）底板上长圆孔的定形尺寸是______、______和______；定位尺寸是______和______。

2.标注组合体的尺寸，尺寸数字用1：1从图中量取（取整数）。

（1）

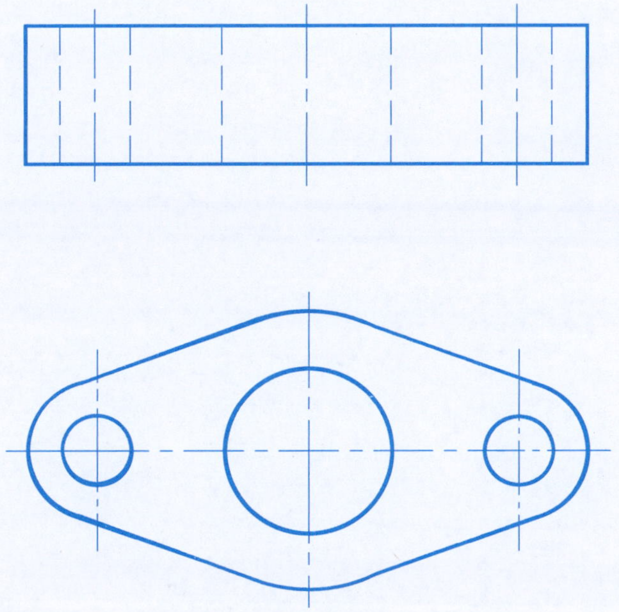

（2）

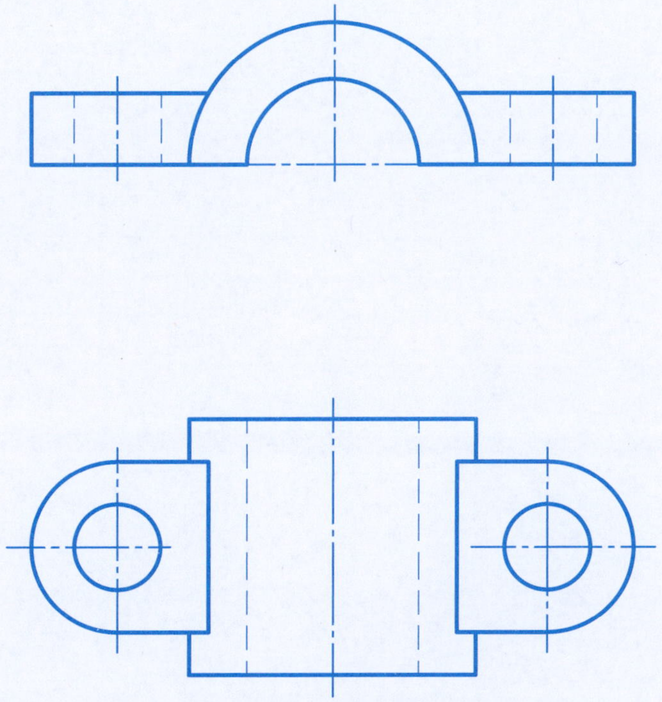

(1)遗漏10个尺寸。

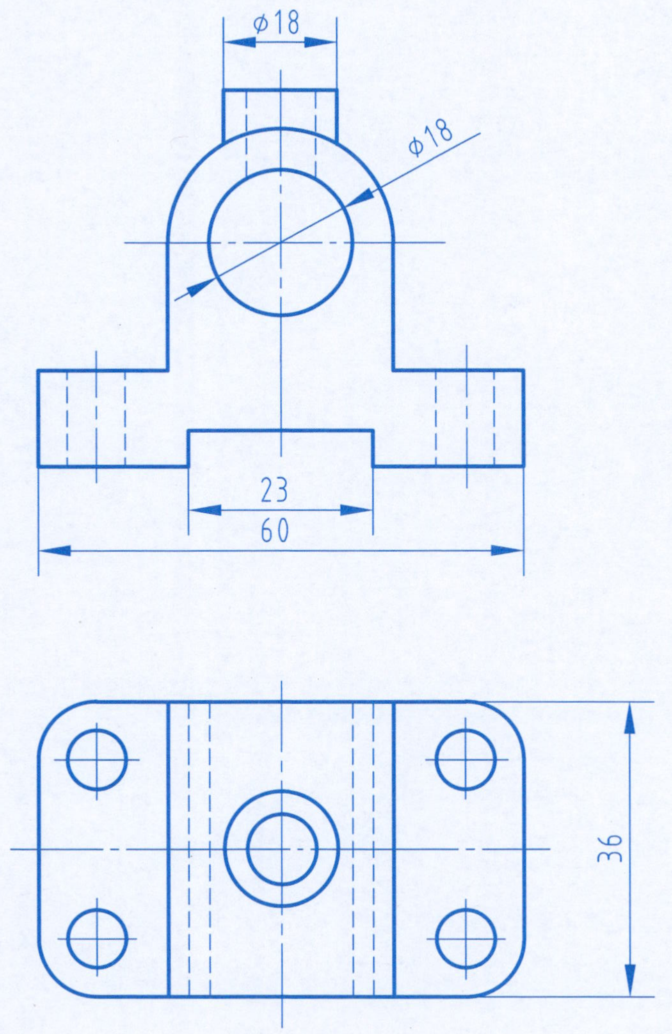

(2)遗漏5个尺寸。

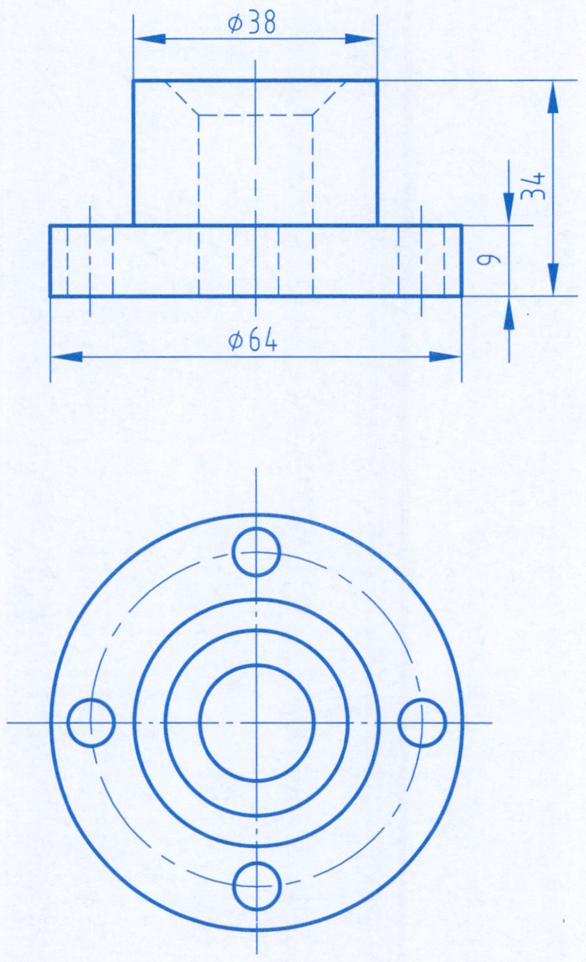

(3) 遗漏8个尺寸。

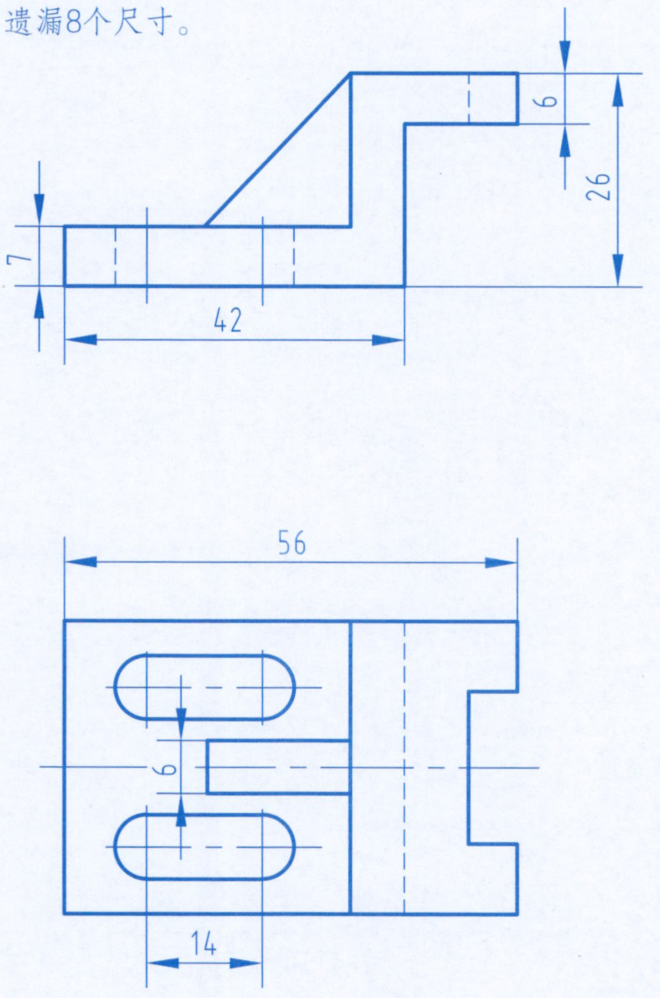

(4) 遗漏7个尺寸。

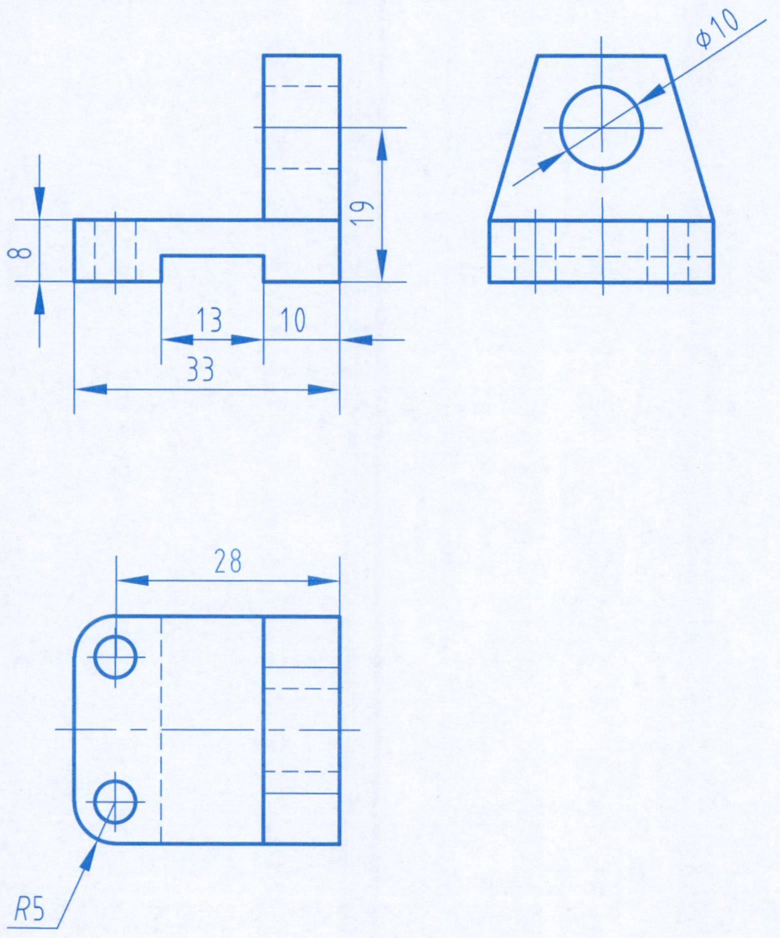

4.5 补全视图中所缺的图线

专业班级　　　　学号　　　　姓名

(1)

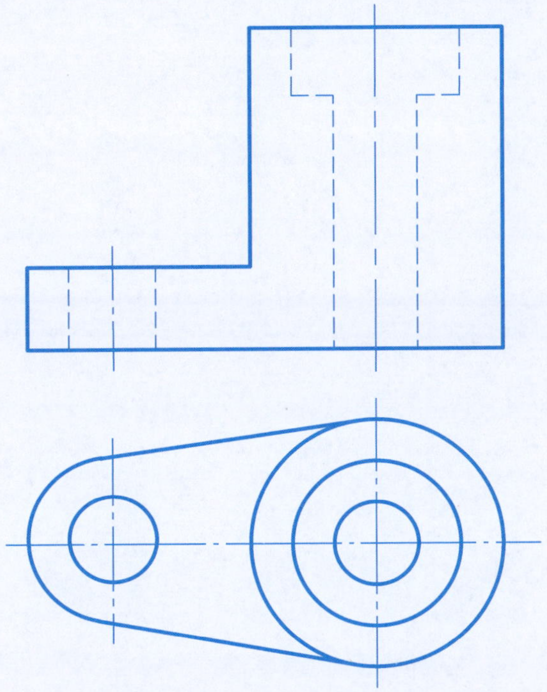

(2)

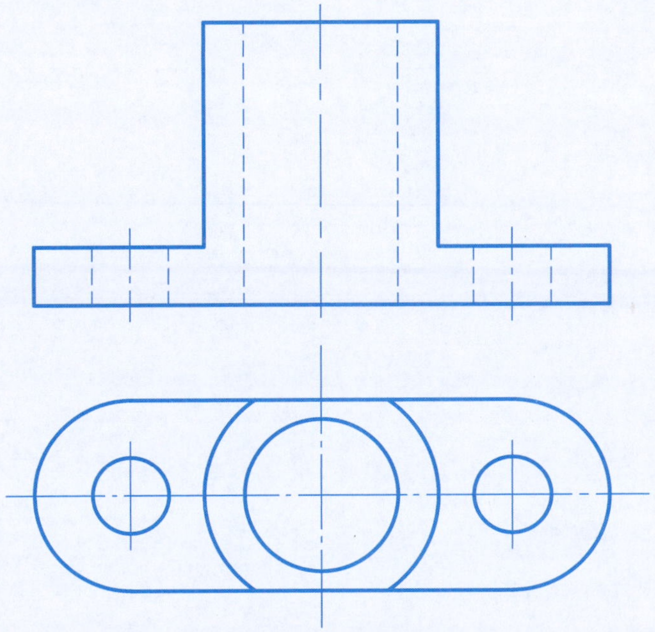

(3)

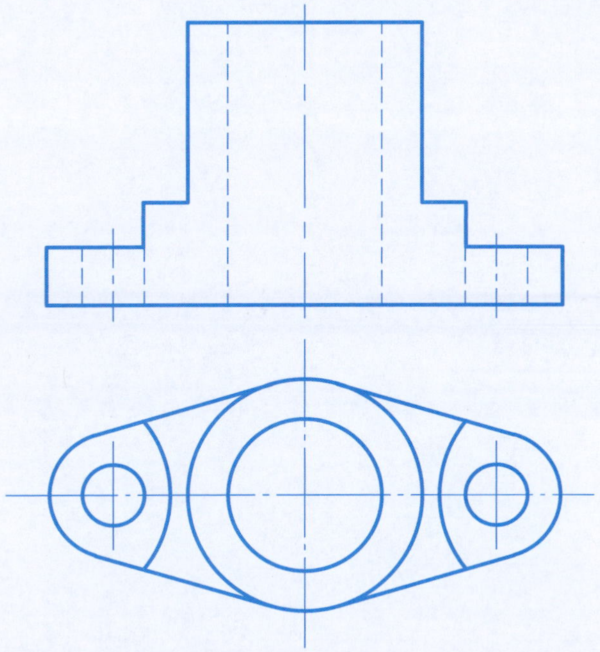

(4)

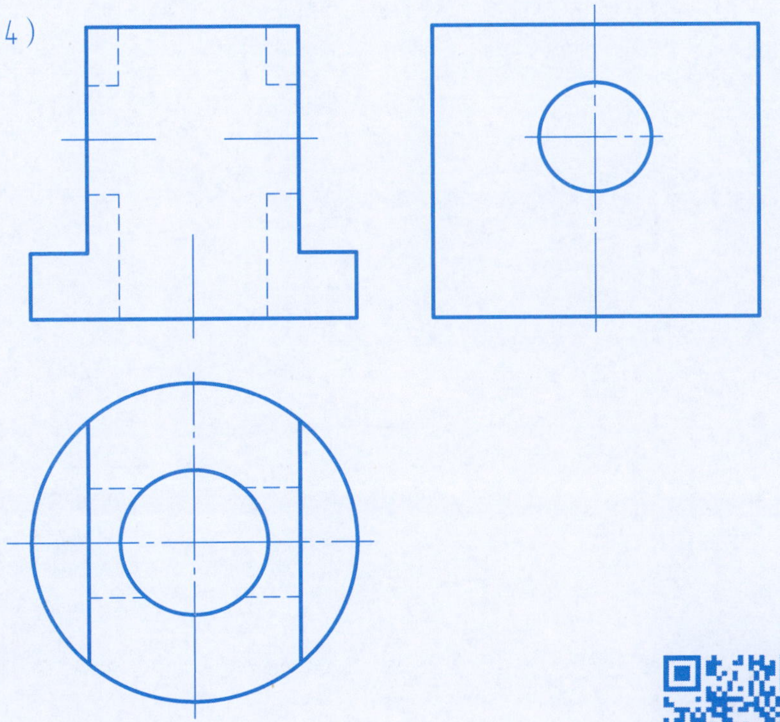

(5)

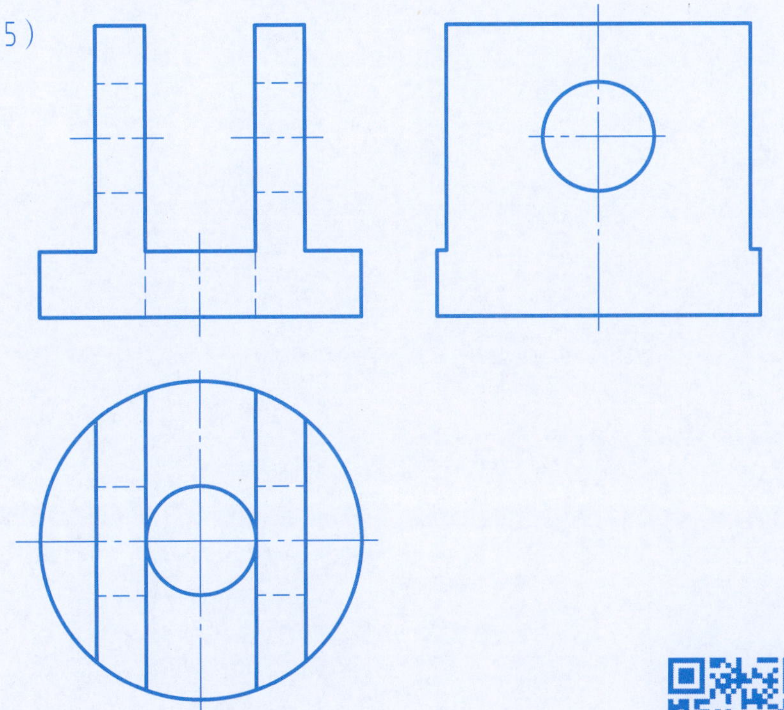

(6)

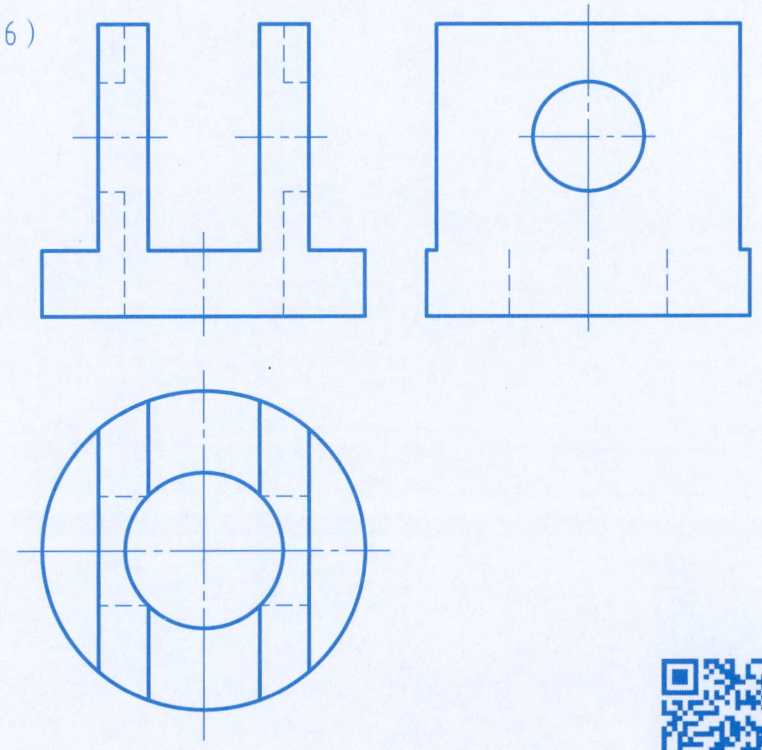

4.6 已知两视图，选择正确的第三视图

专业班级　　学号　　姓名

(1)

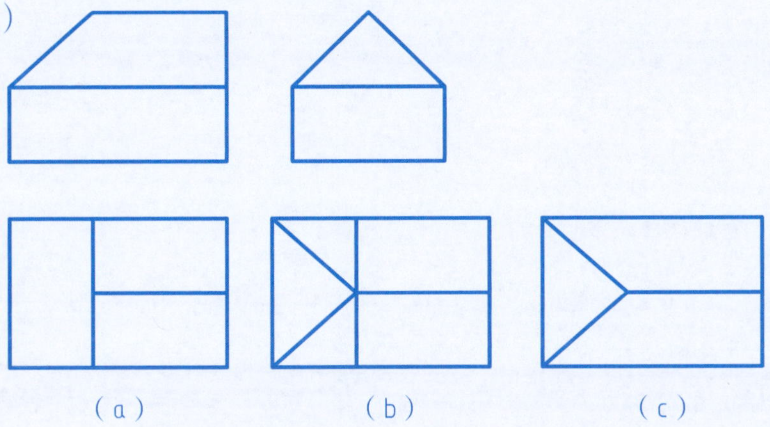

正确的俯视图是________________。

(2)

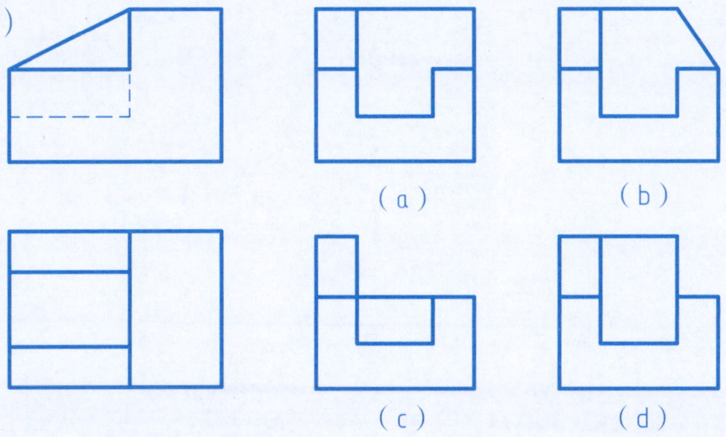

正确的左视图是________________。

(3)

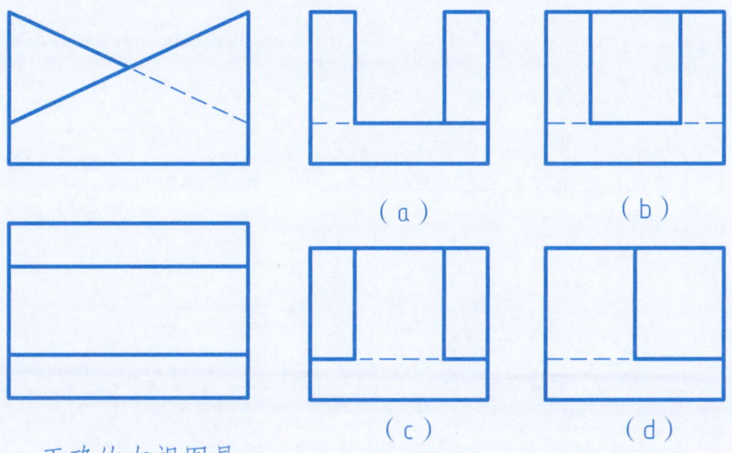

正确的左视图是________________。

(4)

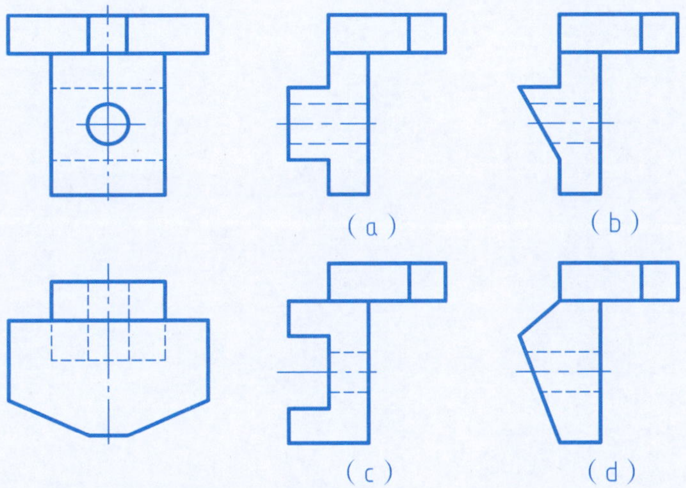

正确的左视图是________________。

(5)

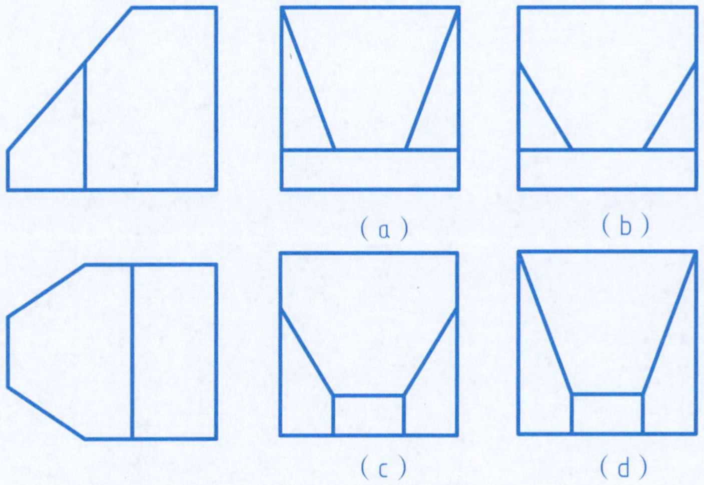

正确的左视图是________________。

(6)

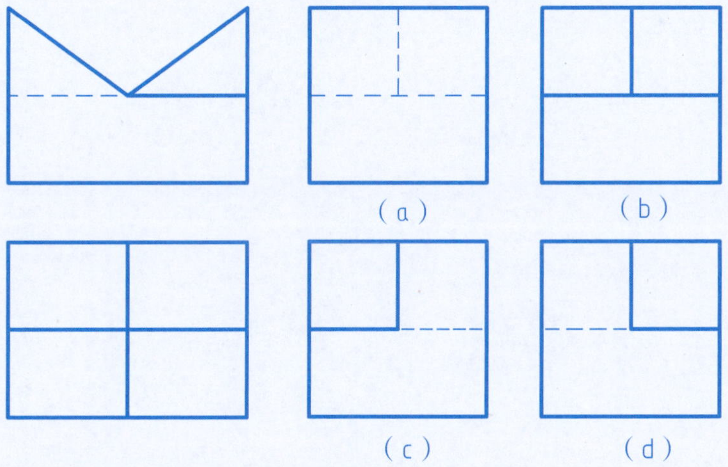

正确的左视图是________________。

(7)

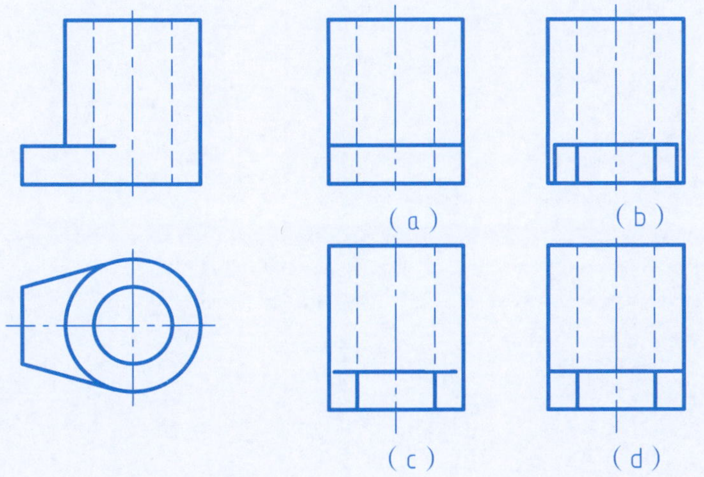

正确的左视图是________________。

(8)

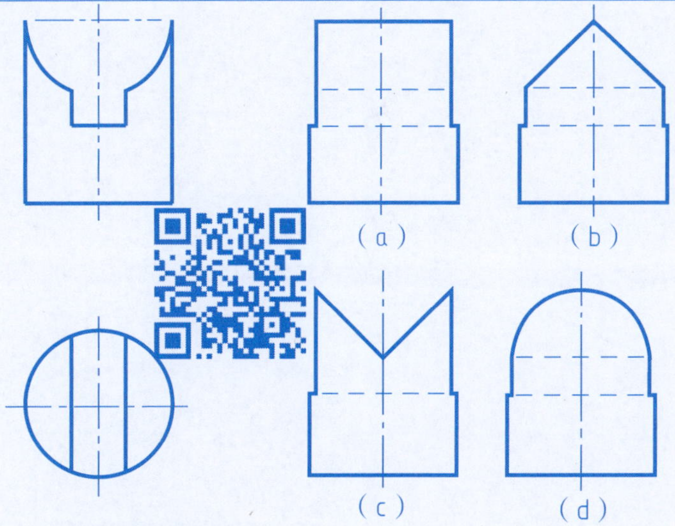

正确的左视图是________________。

(9)

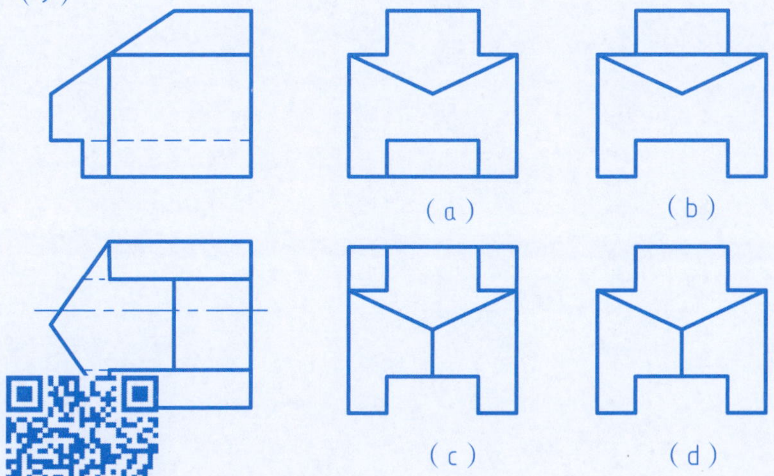

正确的左视图是________________。

(1)

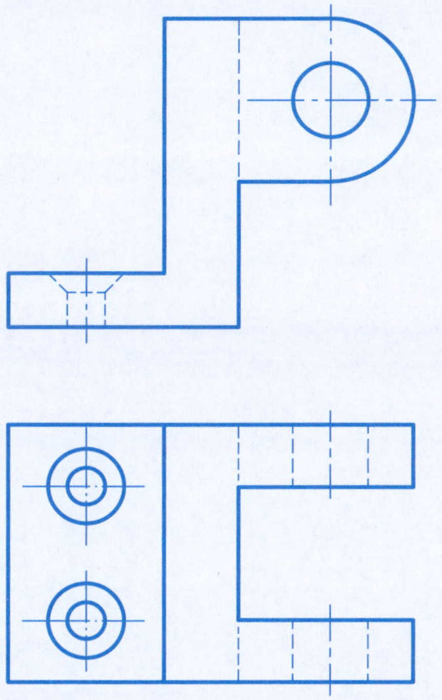

(2)

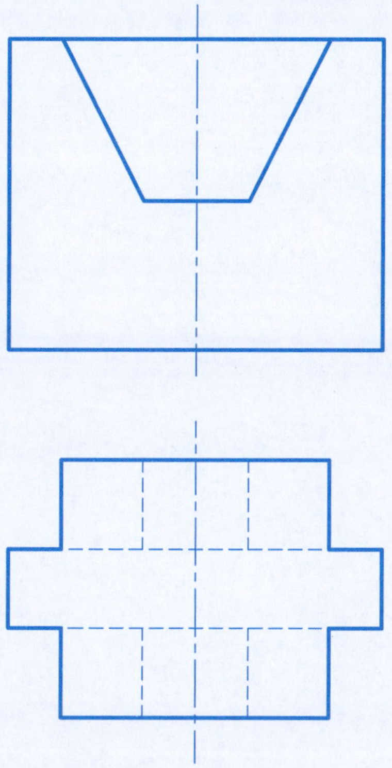

(3)

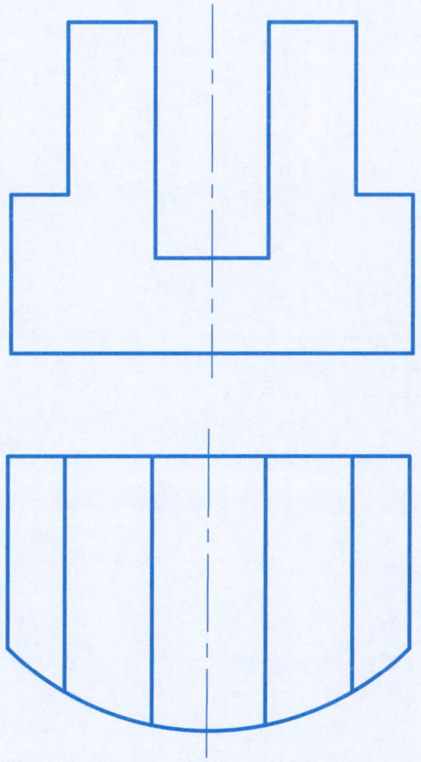

(4)

(5)

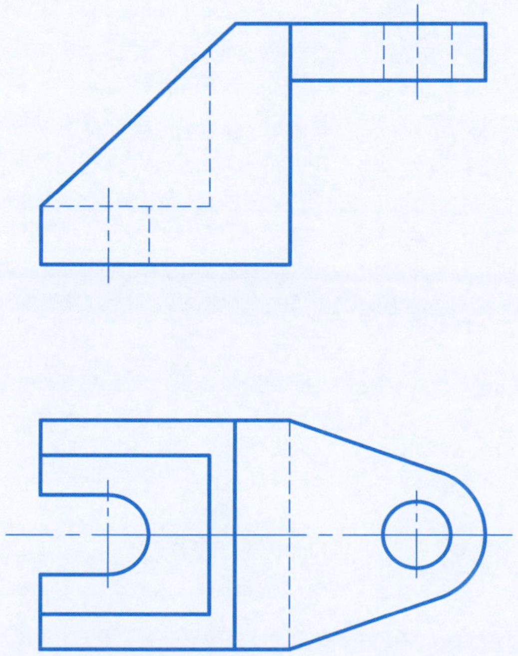

(6)

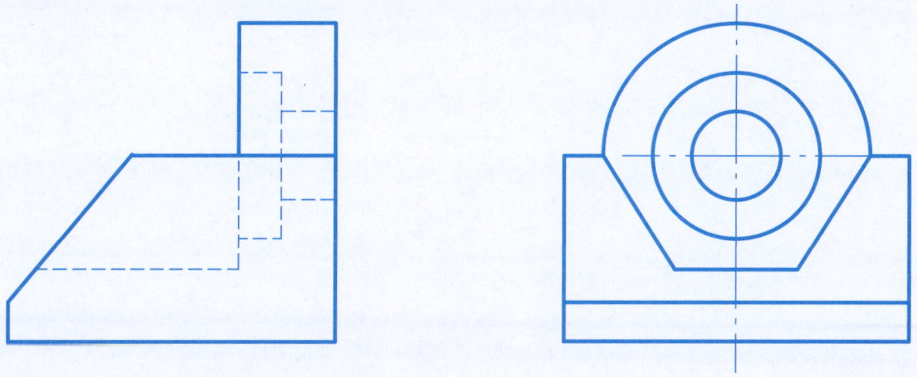

(7)

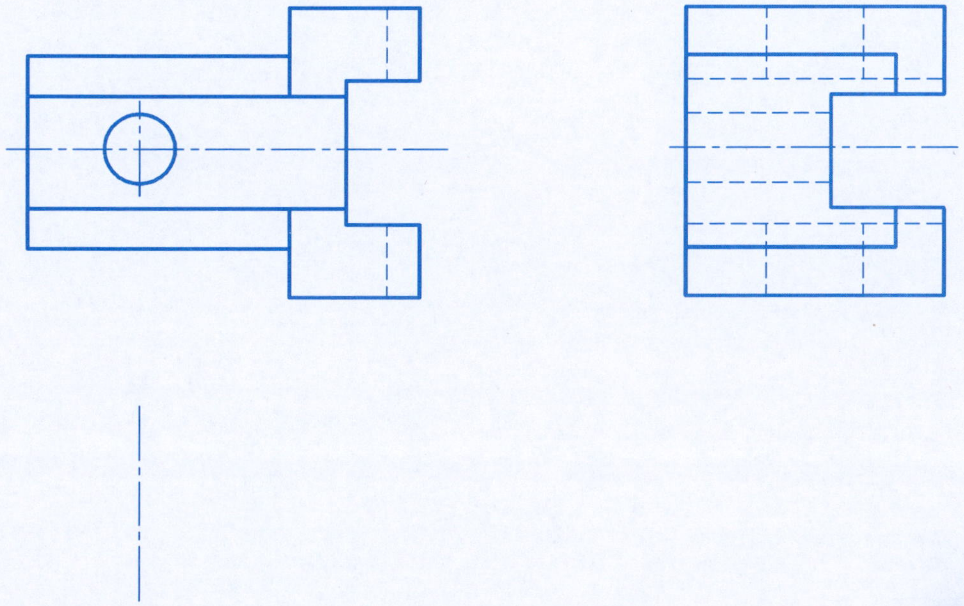

(8)

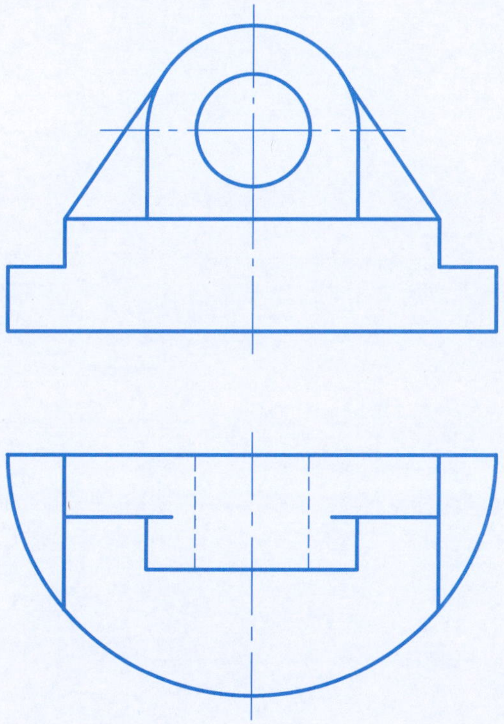

(9)

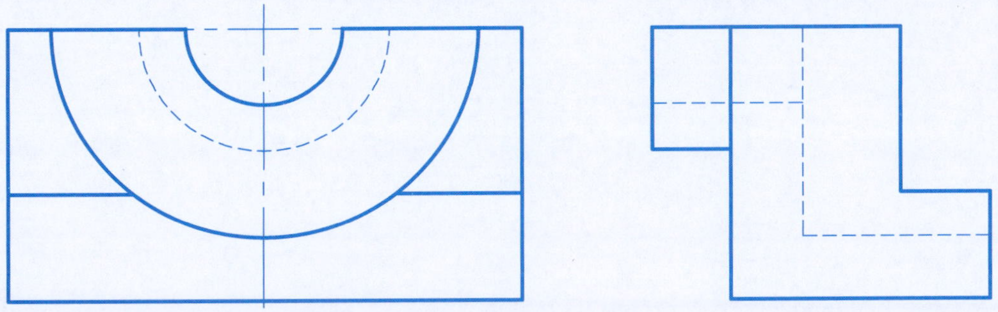

(10)

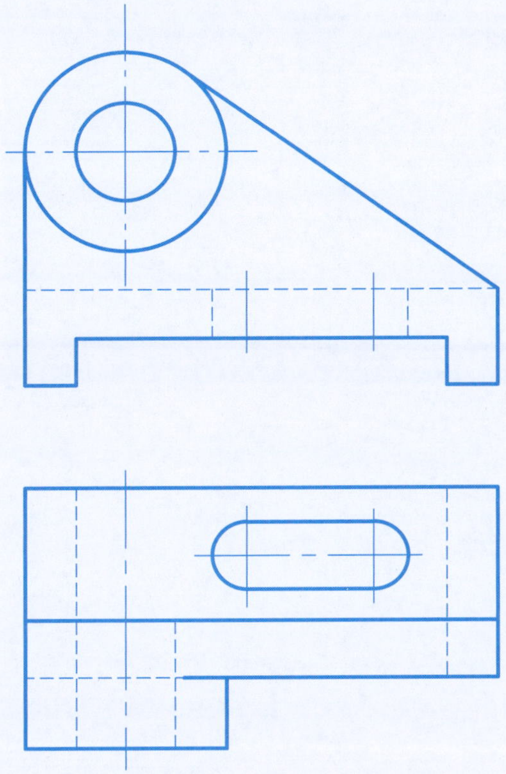

(11)

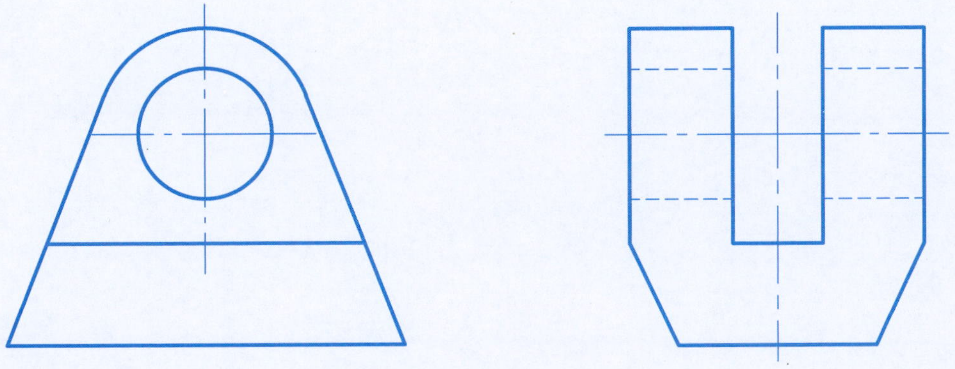

(12)

(13)

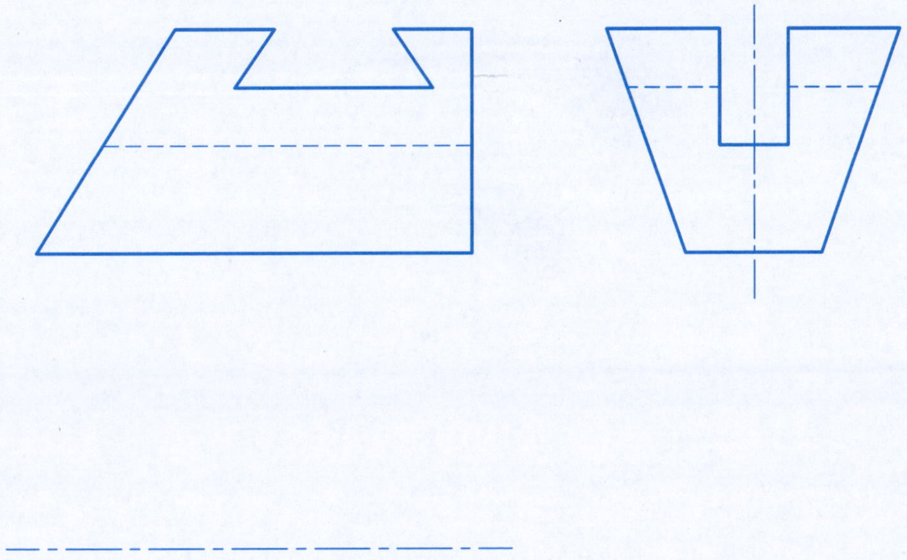

解题指导

(14)

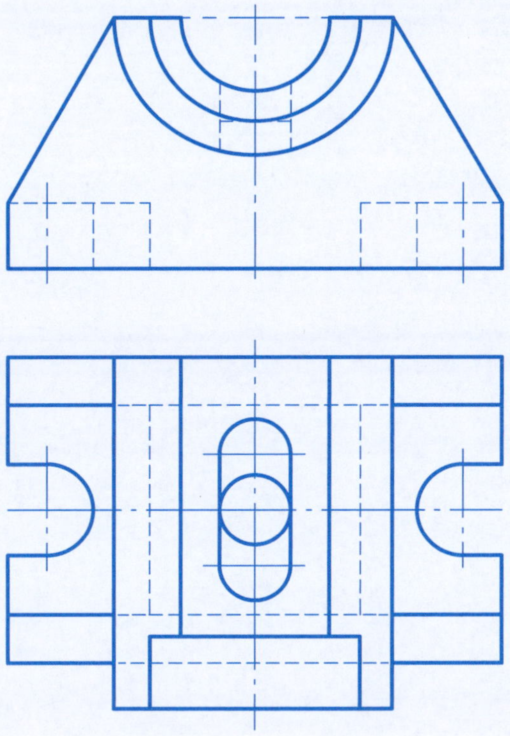

(15)

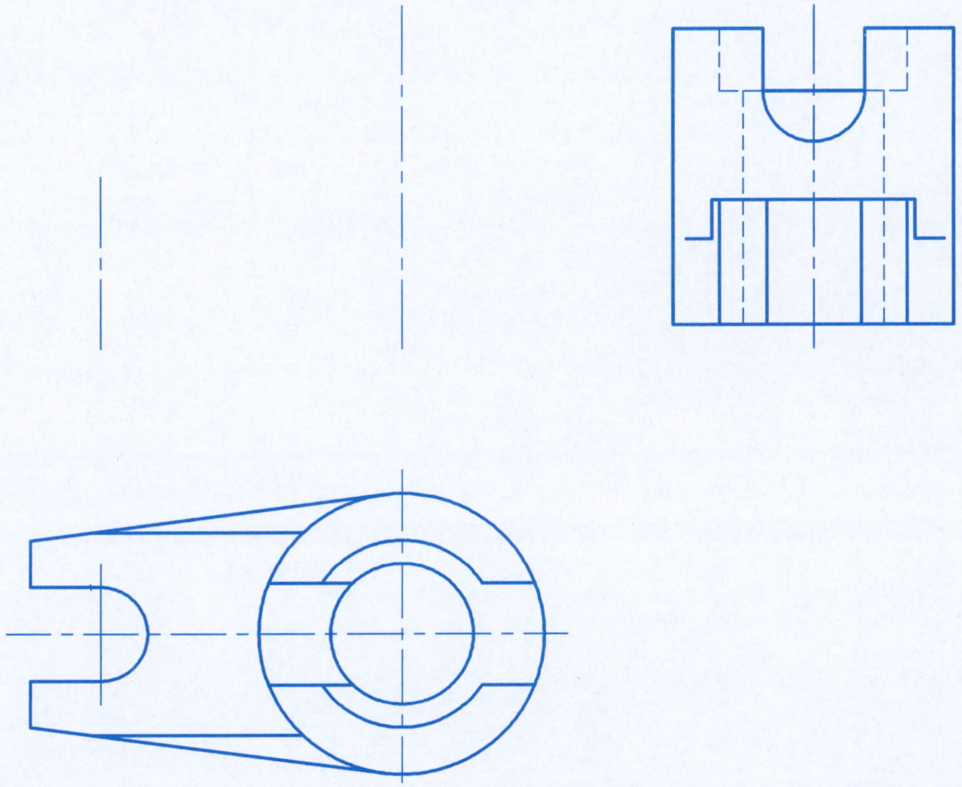

解题指导

(16)

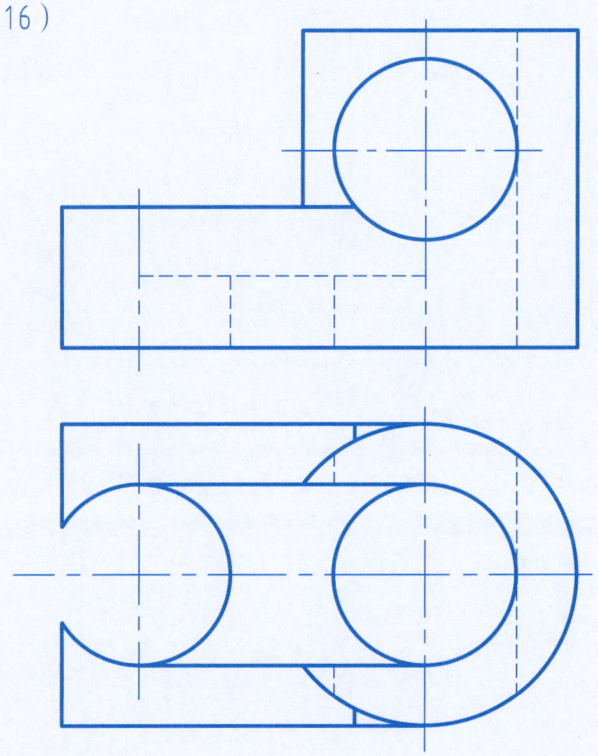

解题指导

1. 根据给定的主、俯视图，构思不同形体，分别补画出左视图。

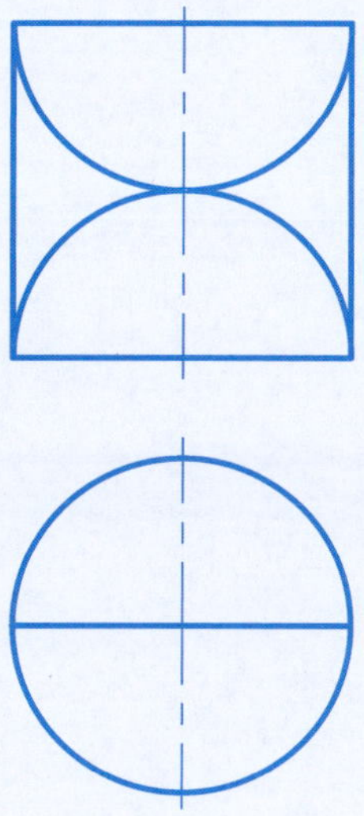
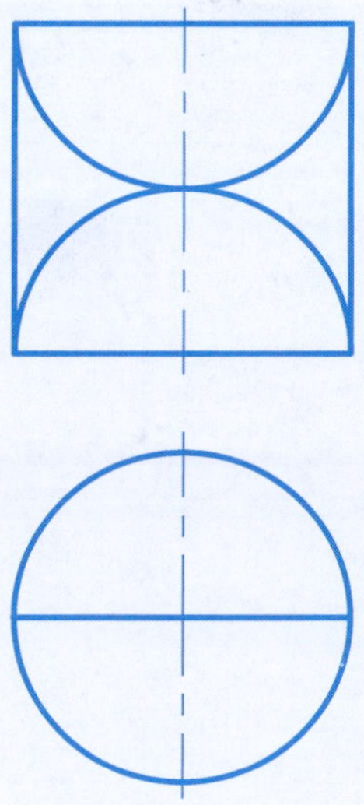

2. 根据给定的俯、左视图，构思不同形体，分别补画出主视图。

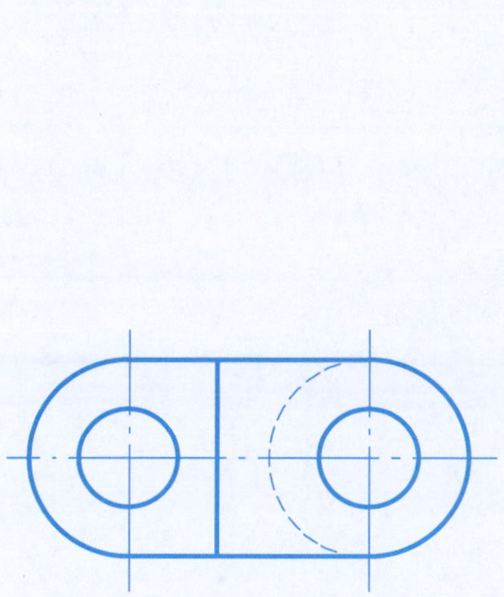
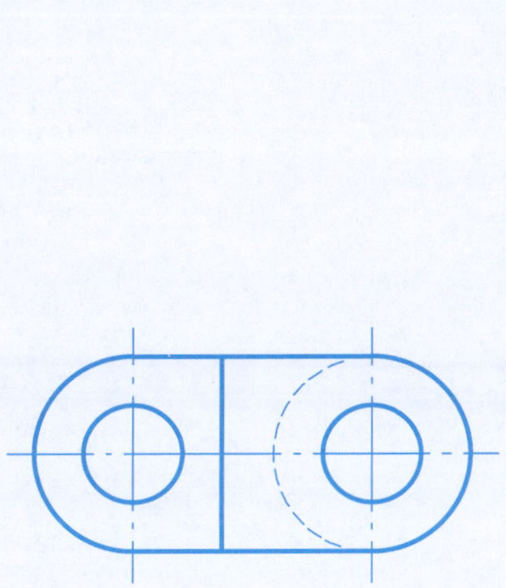

3. 根据给定的主视图，构思不同形体，并画出俯、左视图。

（1）

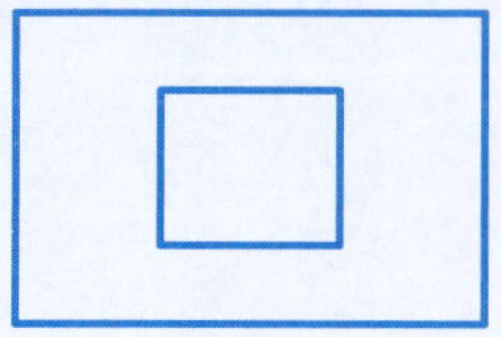
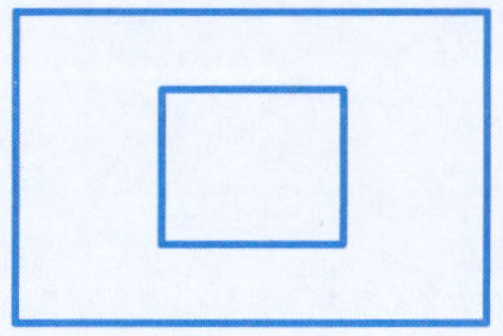
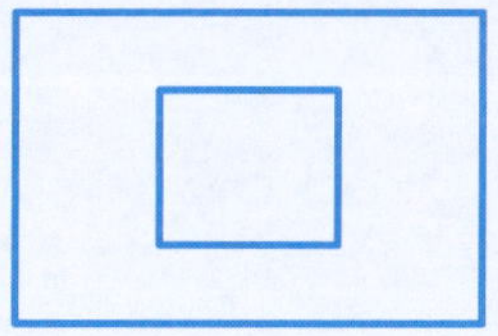
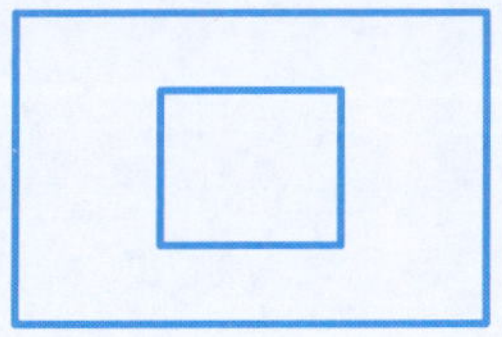

（2）

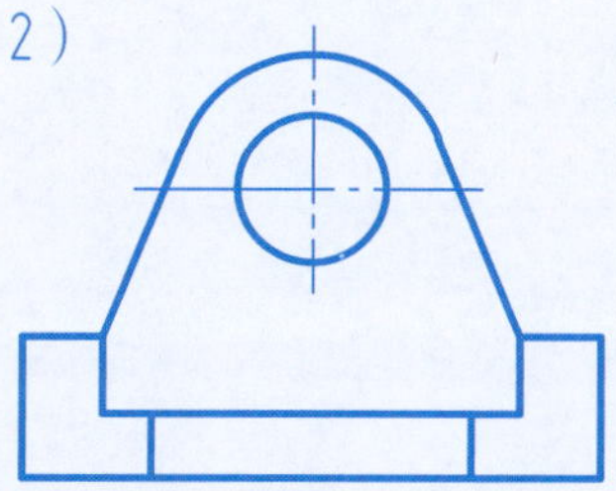
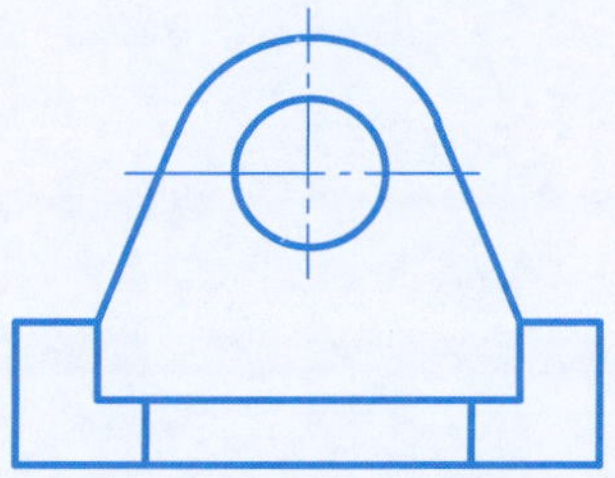
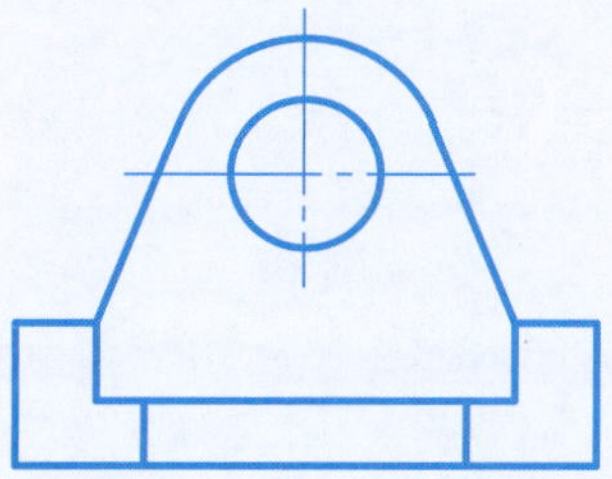
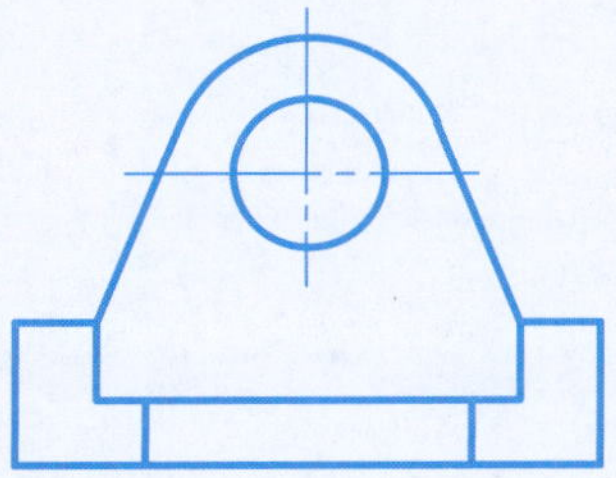

1. 作业内容与要求：

根据轴测图在A3图纸上用适当的比例画出组合体的三视图，并标注尺寸。

本作业共两题，选其中之一。要求完整地表达组合体的形状，尺寸标注要完整、清晰，并符合国家标准。

2. 图名、图幅：

（1）图名：组合体的三视图。

（2）图幅：A3。

3. 作业指示：

（1）在对所绘组合体进行形体分析的基础上，选择最佳的投影方向。

（2）选择适当比例，确定三视图在图纸中的基准位置。

（3）逐步画出组合体的三视图。

（4）标注尺寸时，不要完全照轴测图中的尺寸注法，重新考虑视图中的尺寸布局。

（5）图面质量与标题栏的填写要求，同第一次制图作业。

（1）

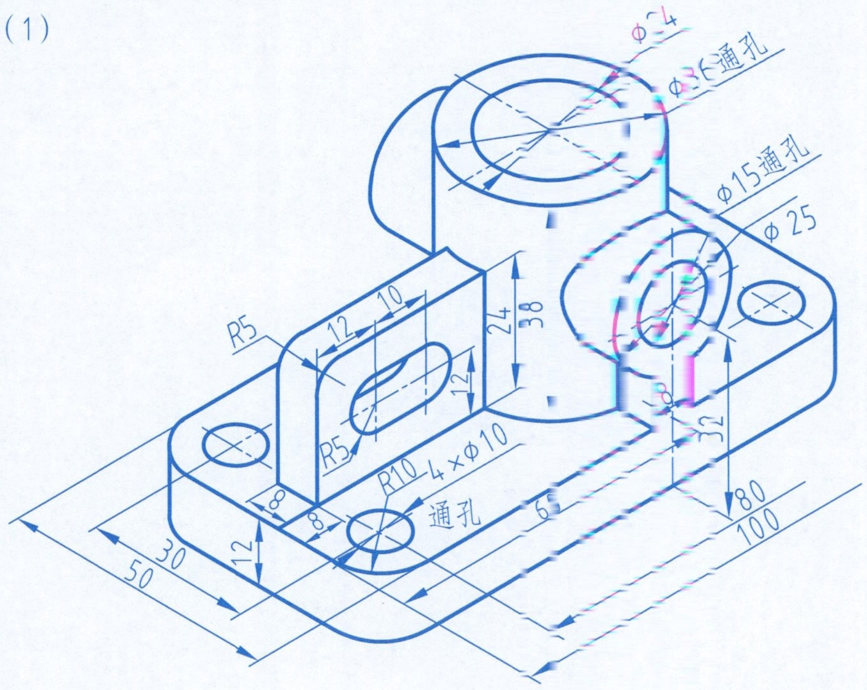

（2）

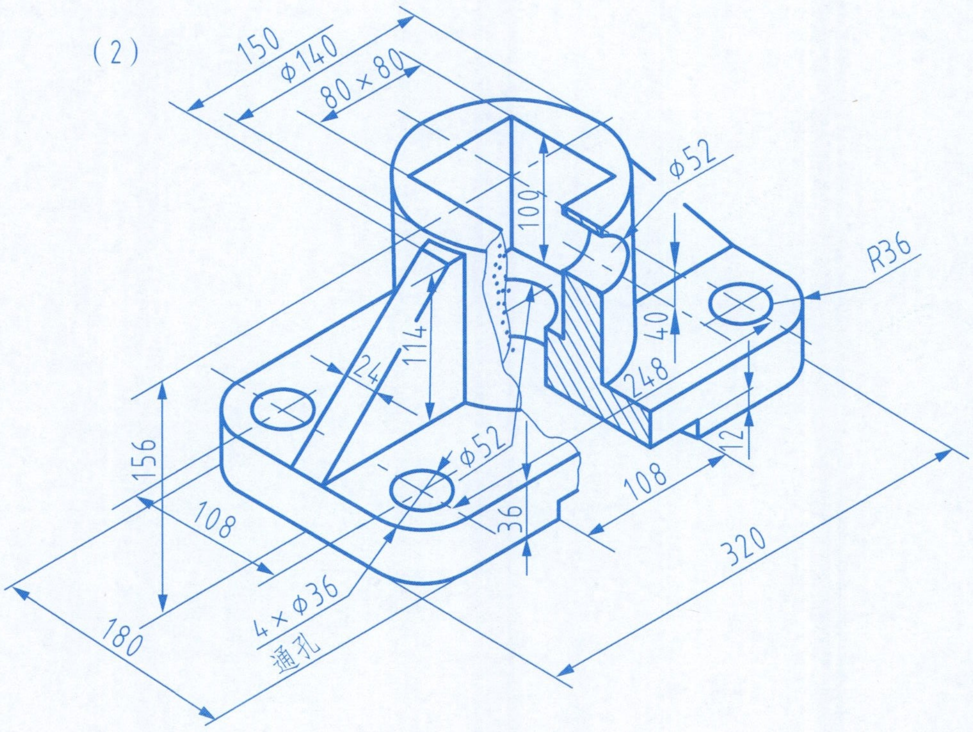

解题指导

5.1 根据视图画正等轴测图　　专业班级　　学号　　姓名　　

(1)

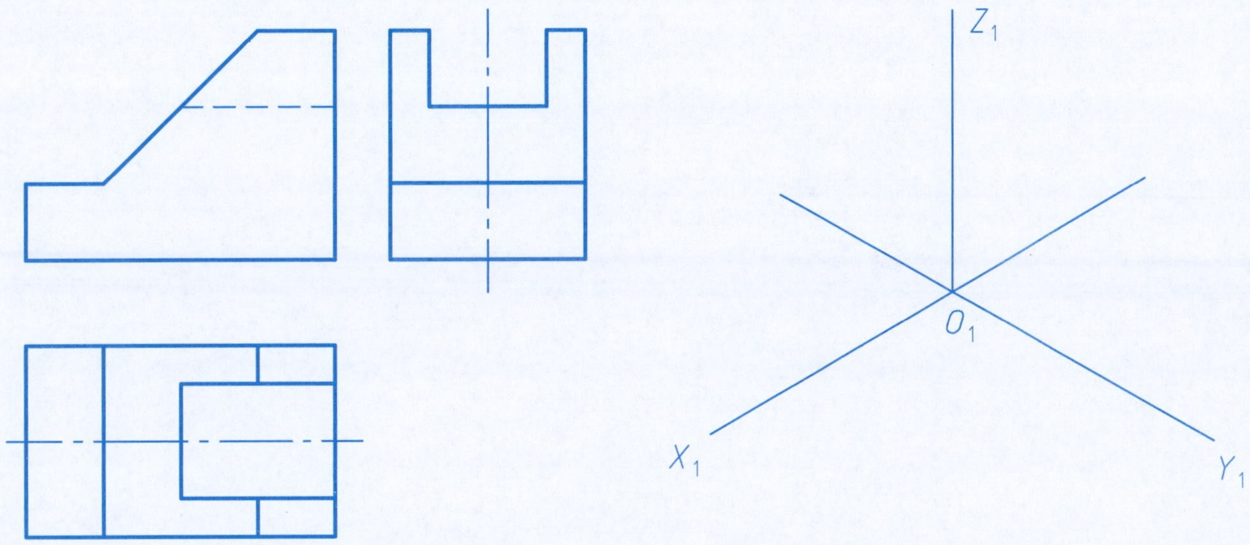

(2)

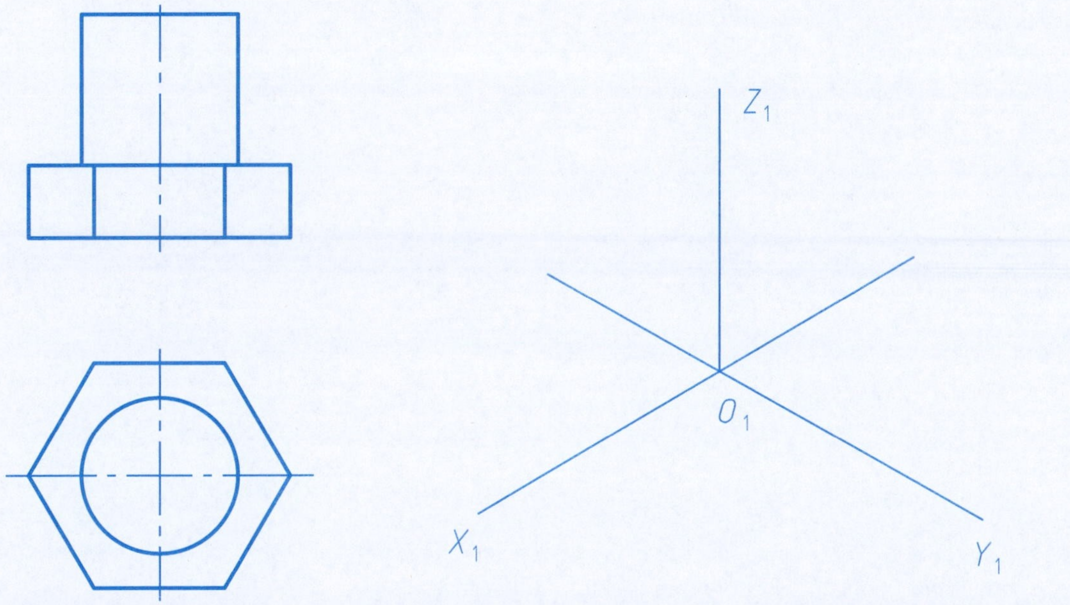

(3)

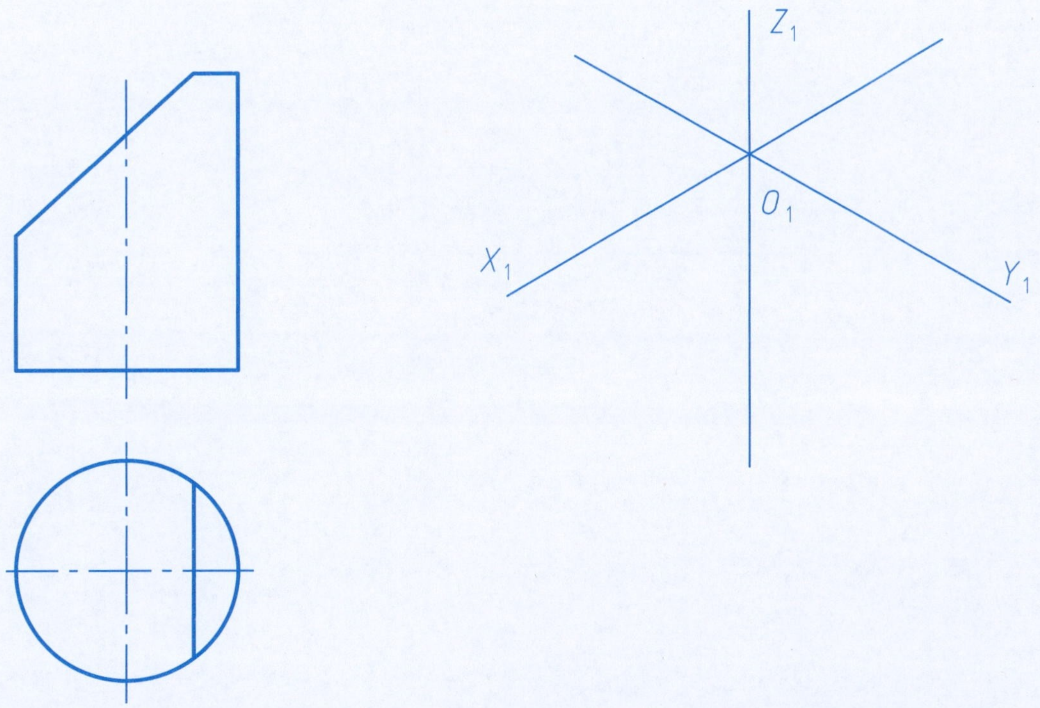

(4)

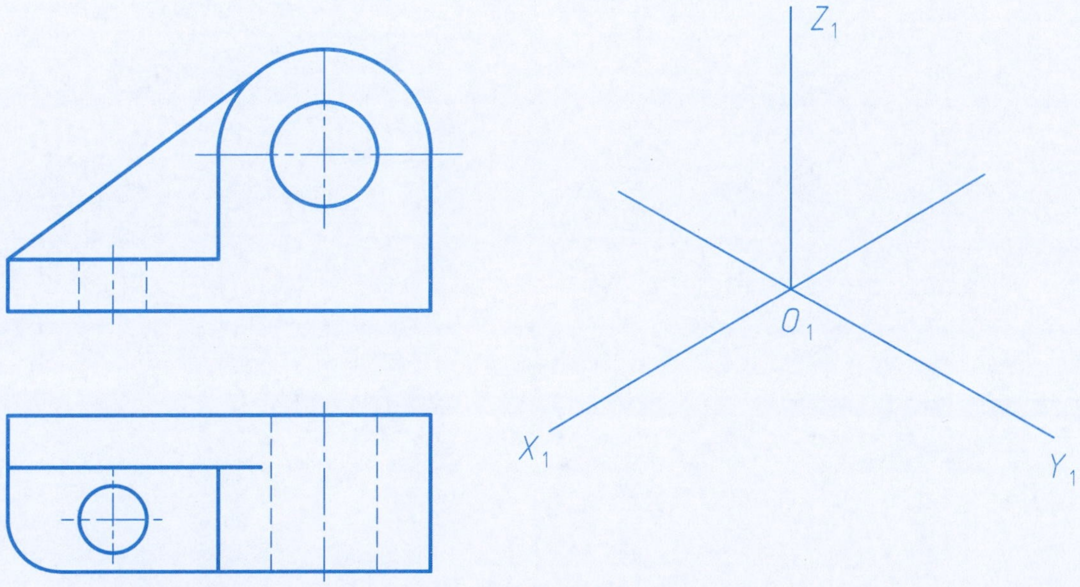

5.2 根据视图画斜二轴测图

（1）

（2）

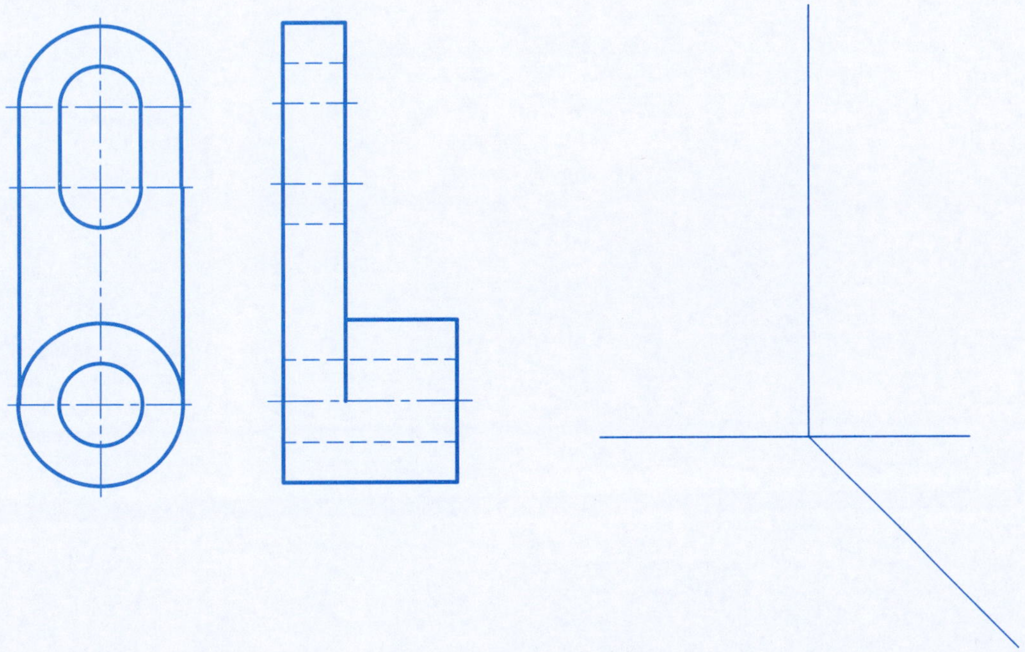

5.3 根据视图画斜二轴测剖视图

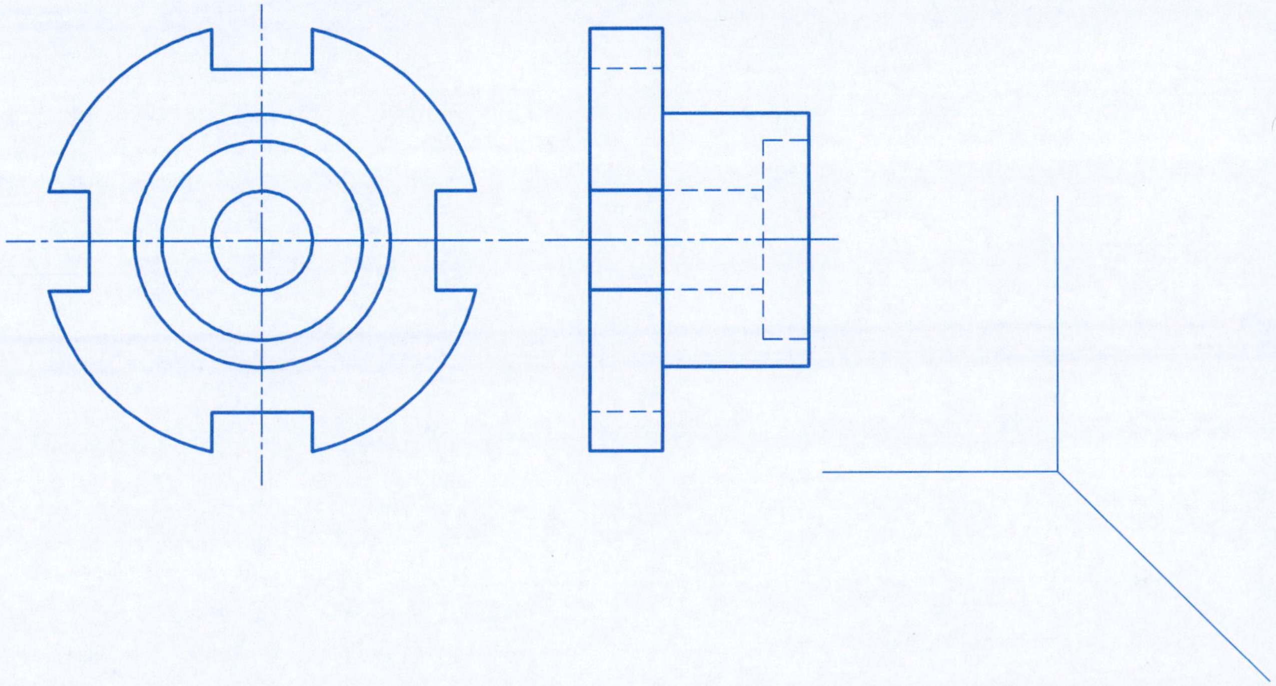

5.4 根据视图画正等轴测图，并标注尺寸

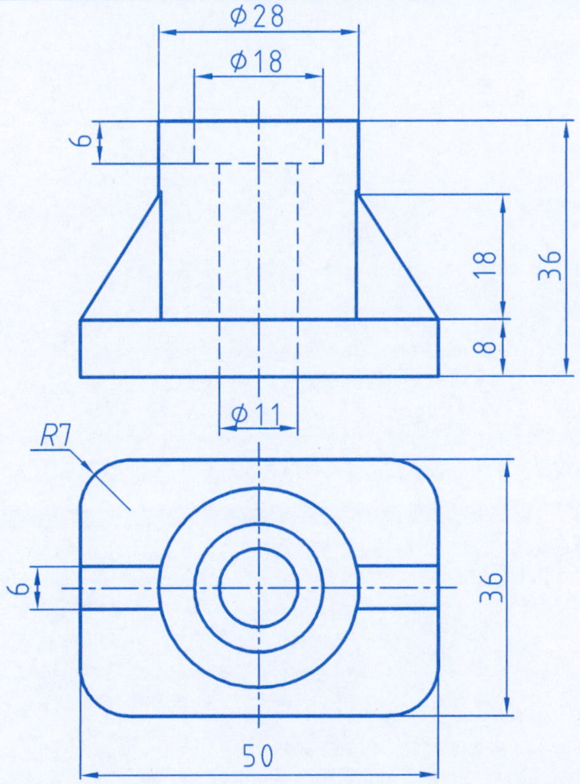

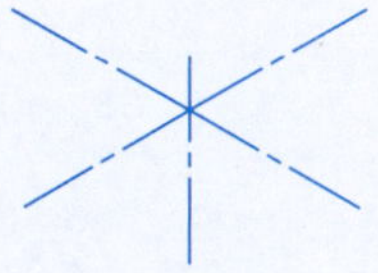

5.5　徒手画出下面组合体的正等测轴测图与斜二测轴测图，并作比较

专业班级　　　学号　　　姓名

1.

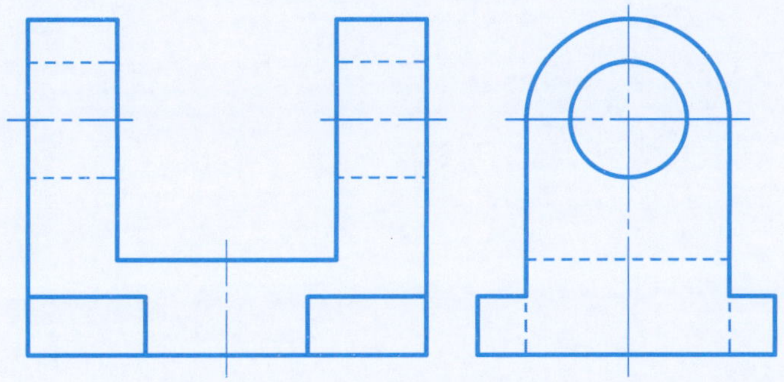

(1)正等测。

(2)斜二测。

2.

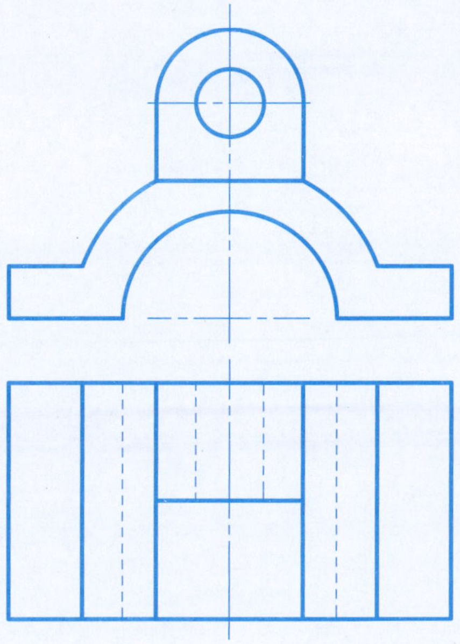

(1)正等测。

(2)斜二测。

6.1　视图

专业班级　　　　学号　　　　姓名

1. 补画基本视图。

（1）补画仰视图。

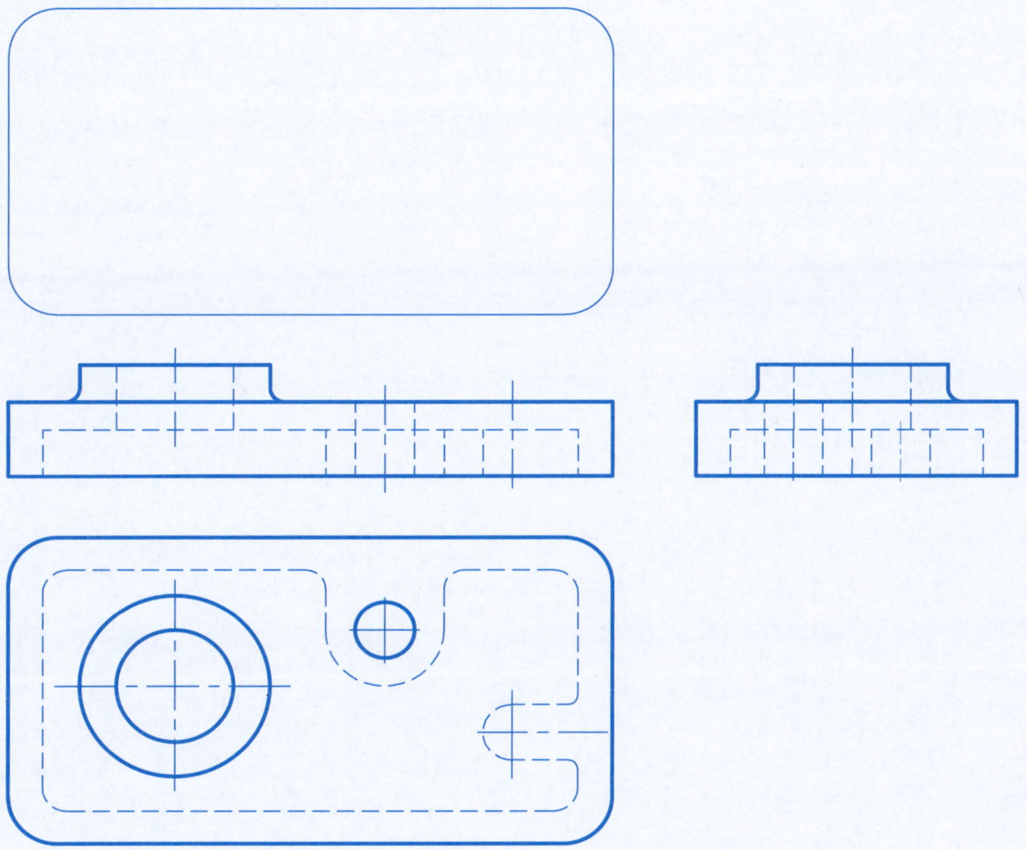

（2）补画右视图。

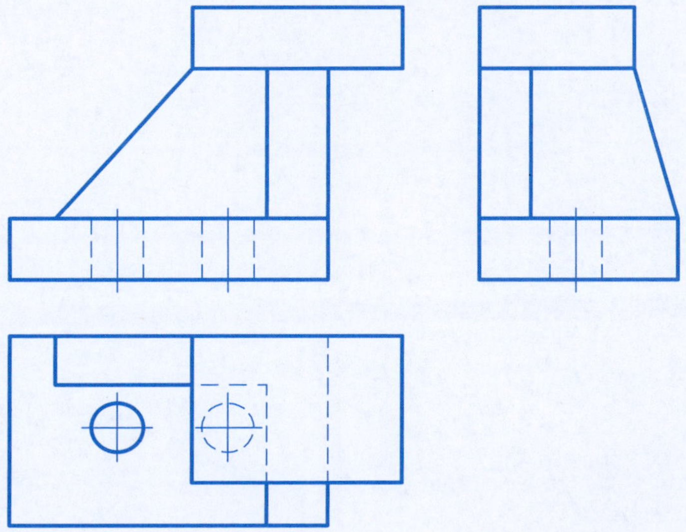

2. 补画 A 向、B 向局部视图。

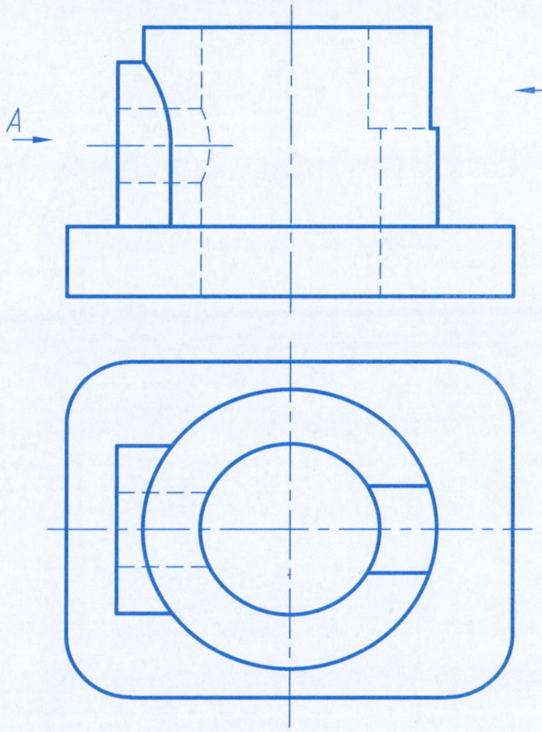

3. 补画 A 向斜视图。

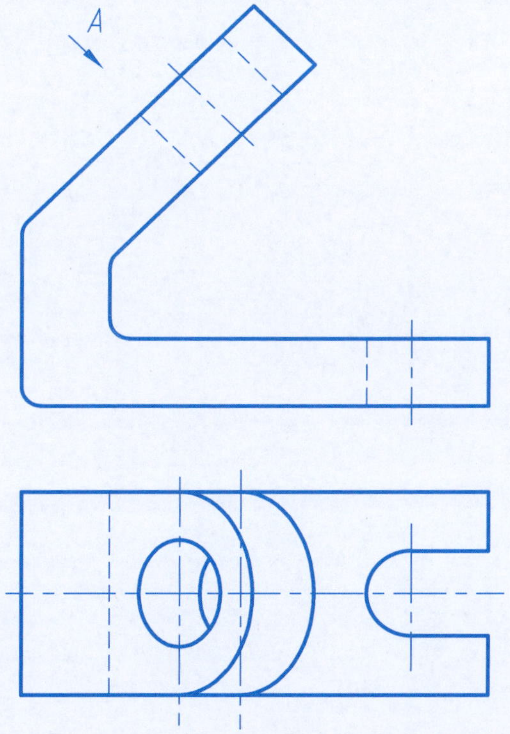

1. 补出作剖视后主视图中的缺线。

(1)全剖视图。

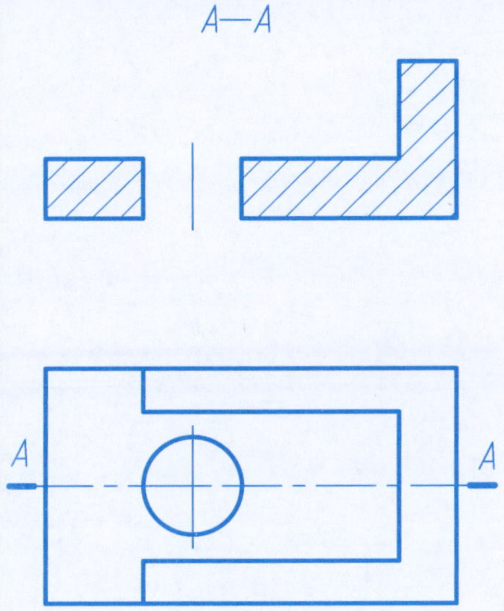

(2)半剖视图。

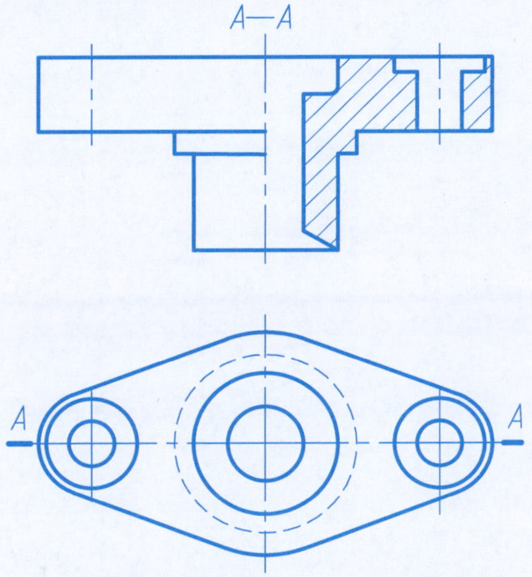

(3)全剖视图。

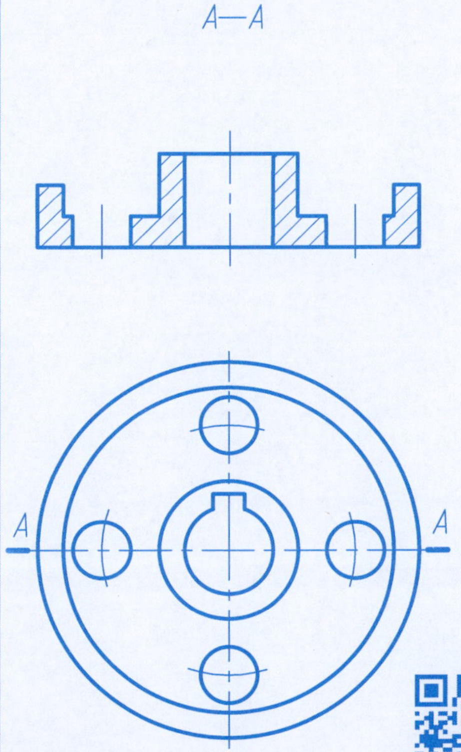

(4)全剖视图。

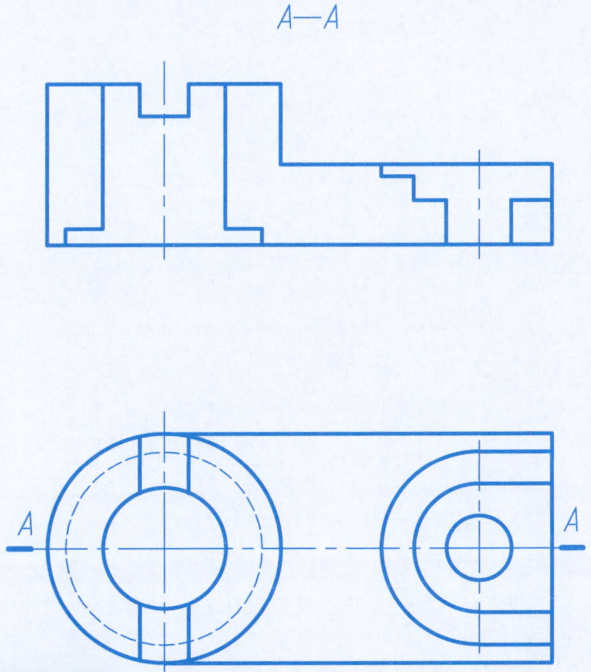

2. 将主视图改画为全剖视图。

(1)

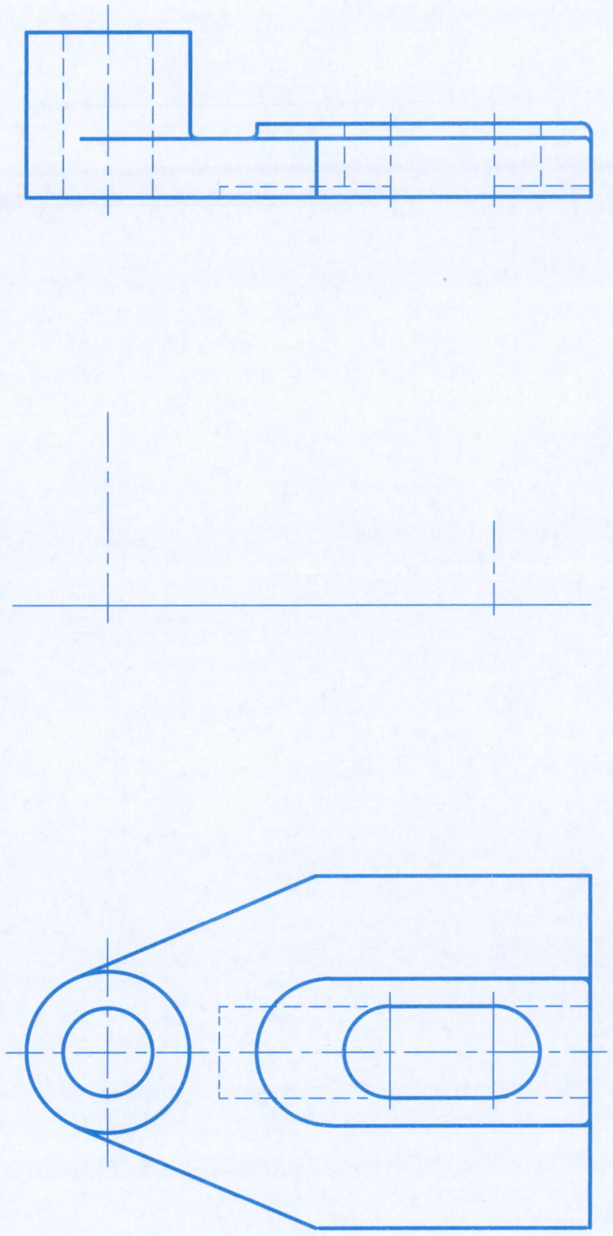

(2)

3. 将主视图和左视图画成半剖视图。

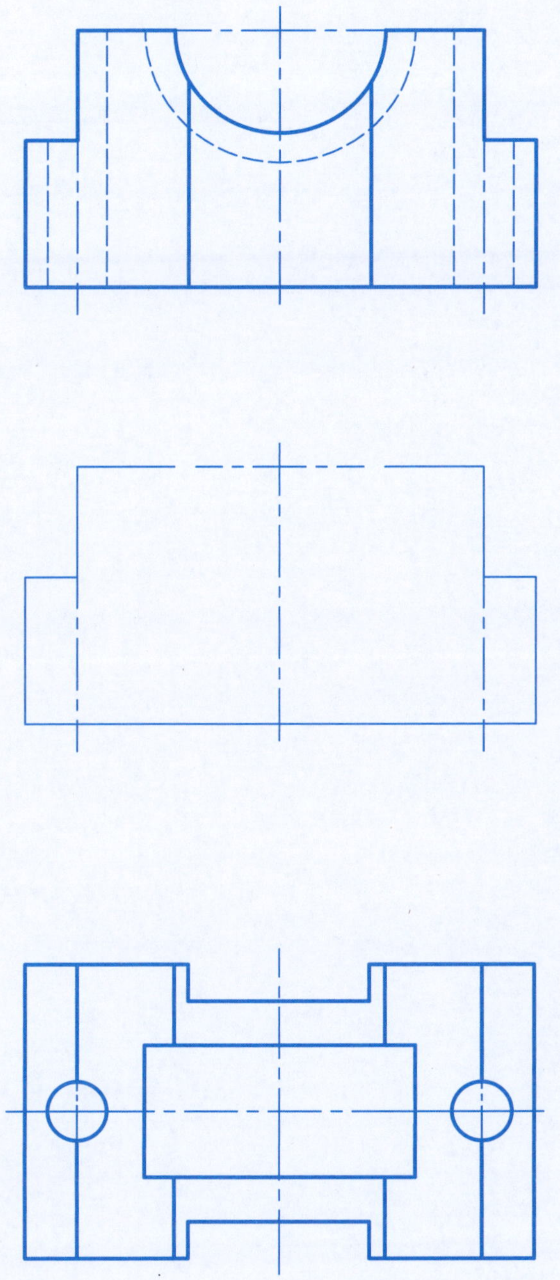

4. 将主视图和俯视图都改画成半剖视图，注意正确标注。

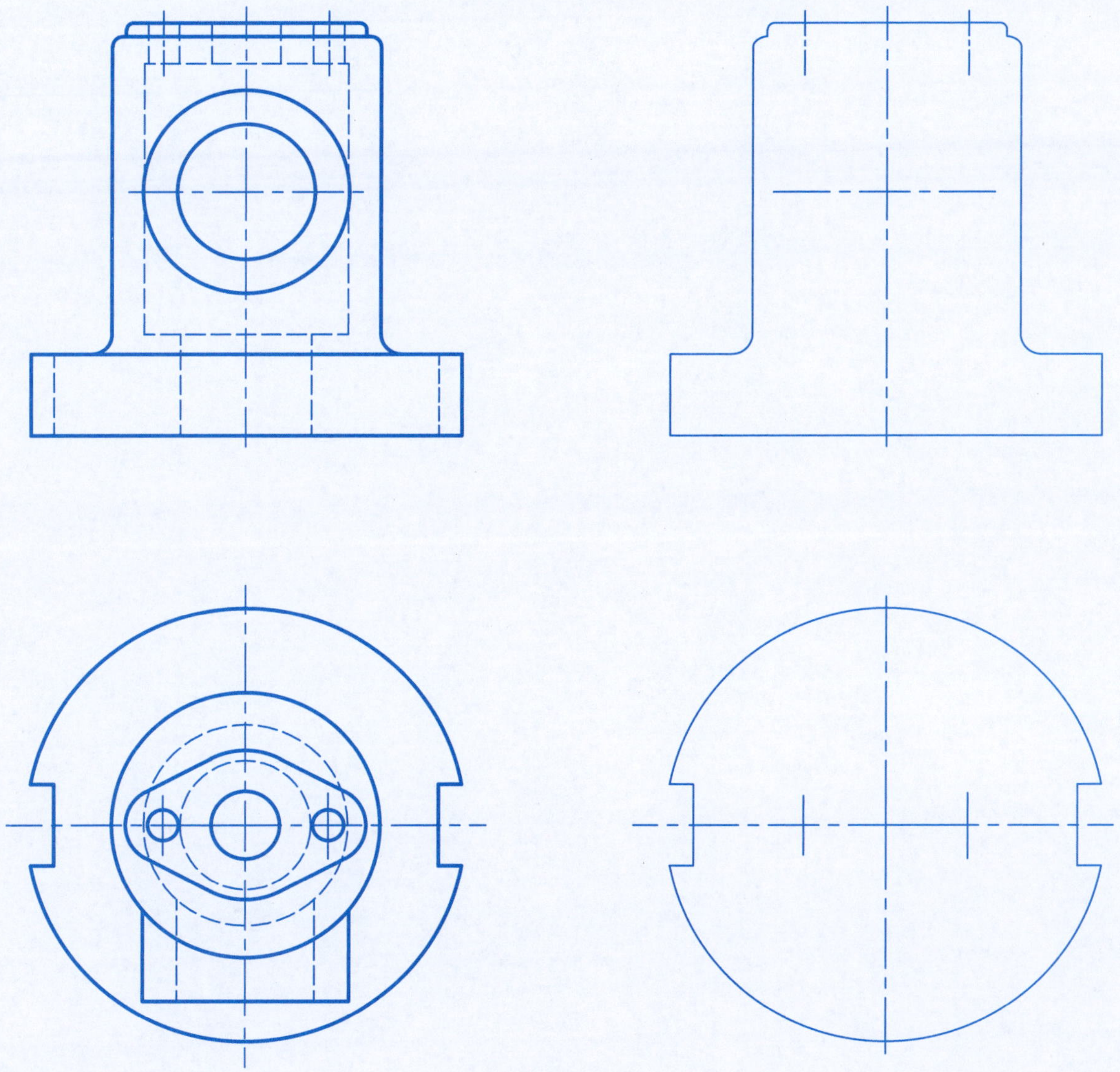

5. 将主视图和俯视图改画成局部剖视图。

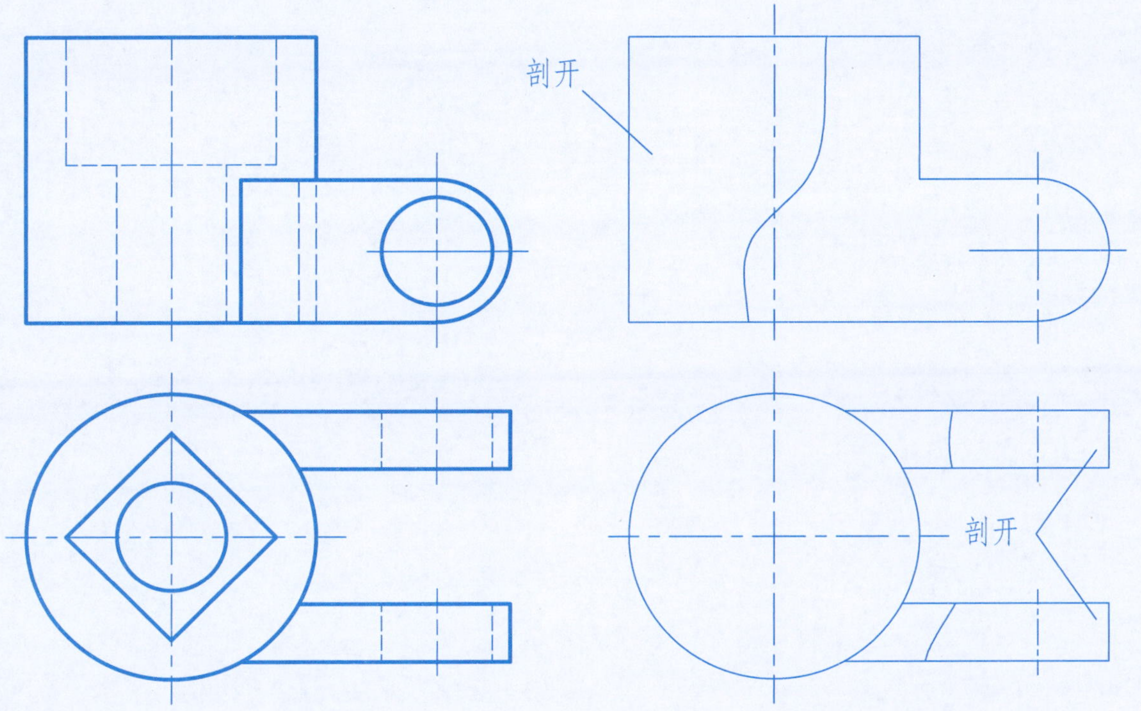

7. 完成 A—A 全剖视图，注意剖切的正确标注。

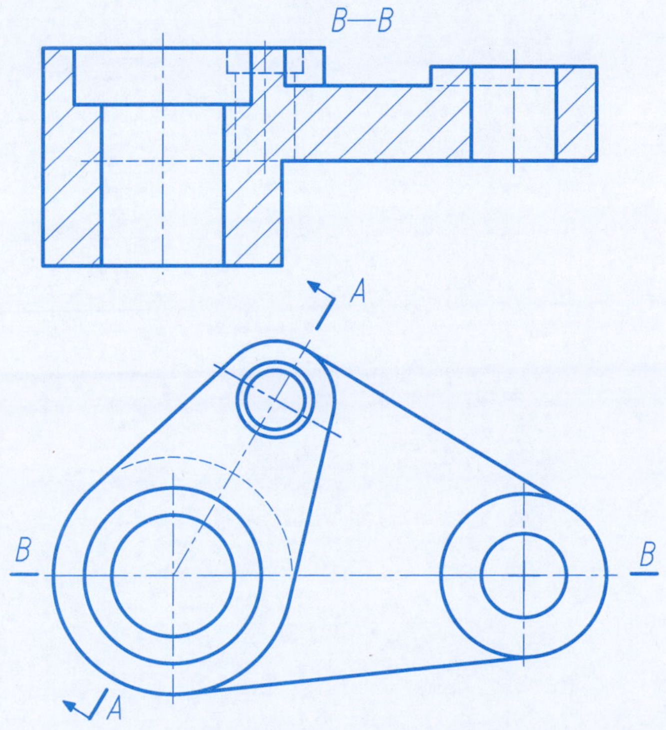

6. 完成主、俯视图的局部剖视图，并作 A 向斜视图。

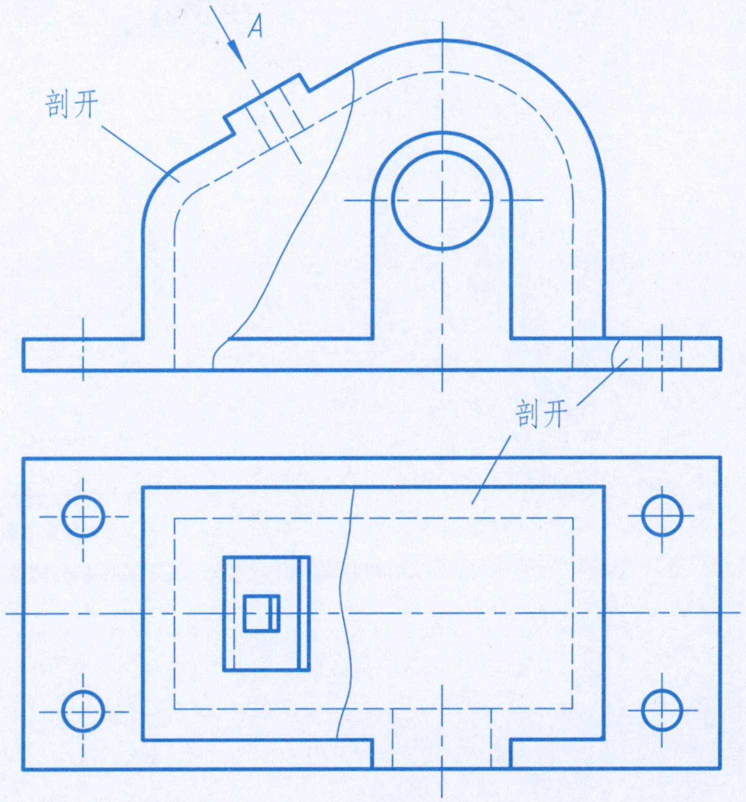

8. 完成 A—A 全剖视图，注意剖切的正确标注。

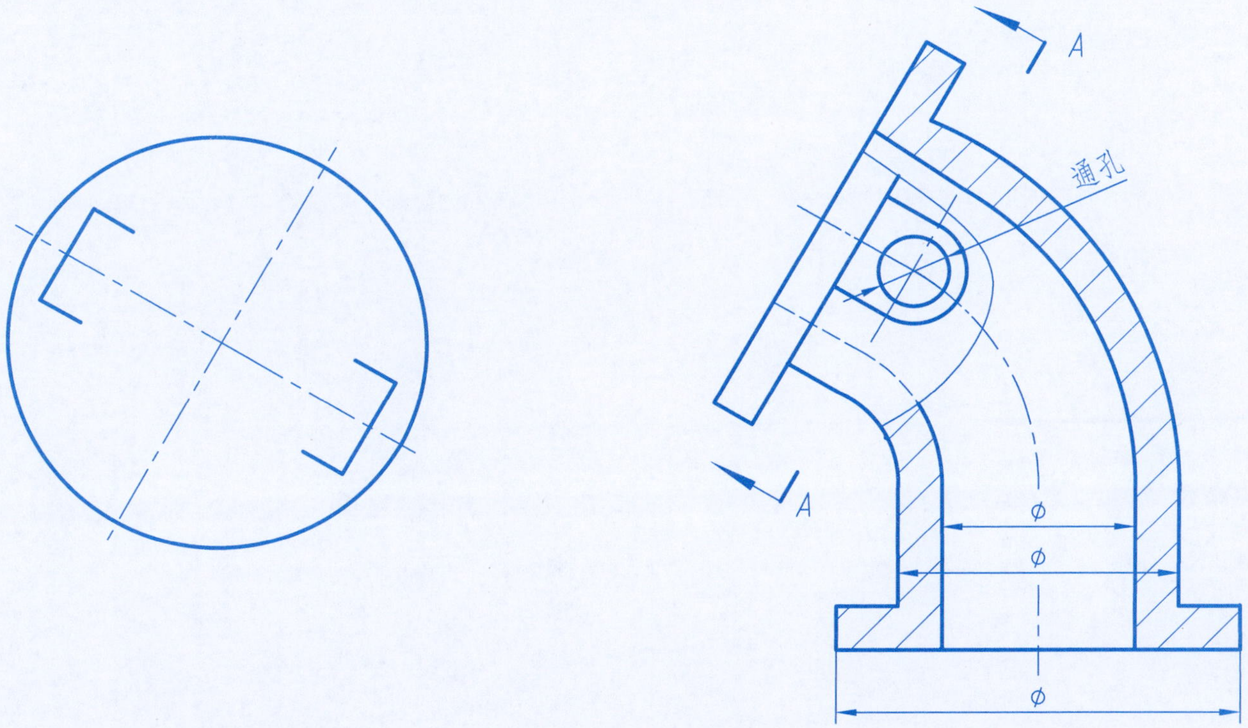

9. 将主视图改画为全剖视图（用相交的剖切平面剖切），注意剖切标注。

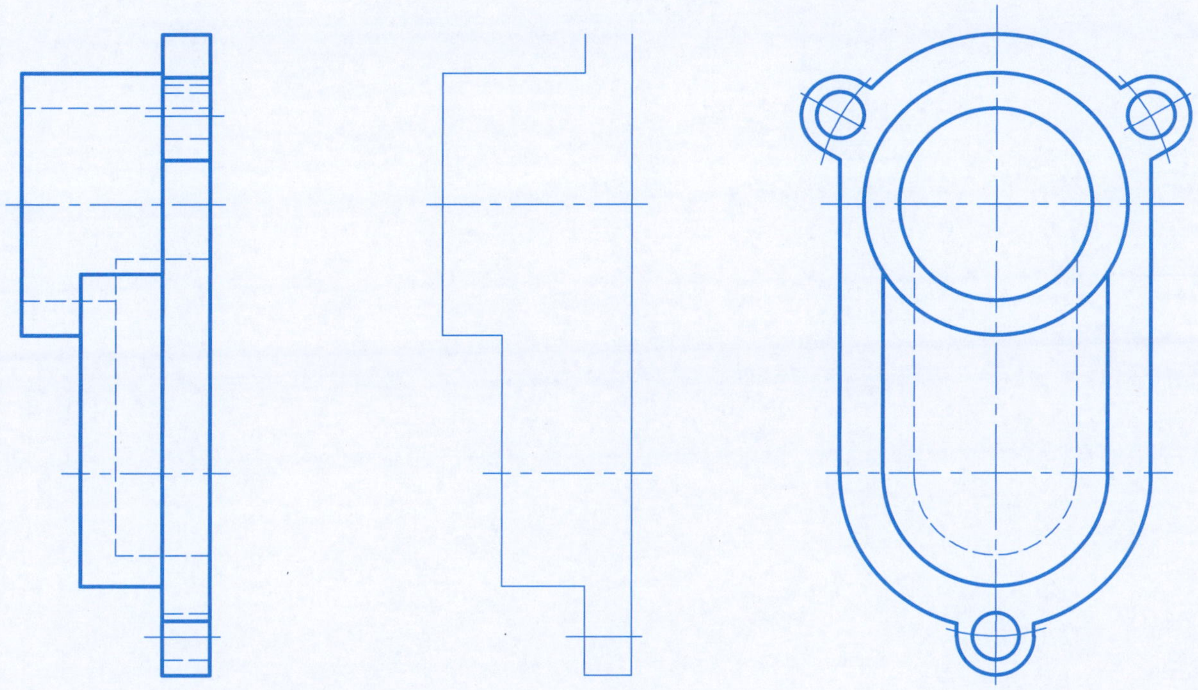

10. 根据已知主、俯视图，画出用两个相交剖切平面剖切得到的 *A*—*A* 全剖主视图。

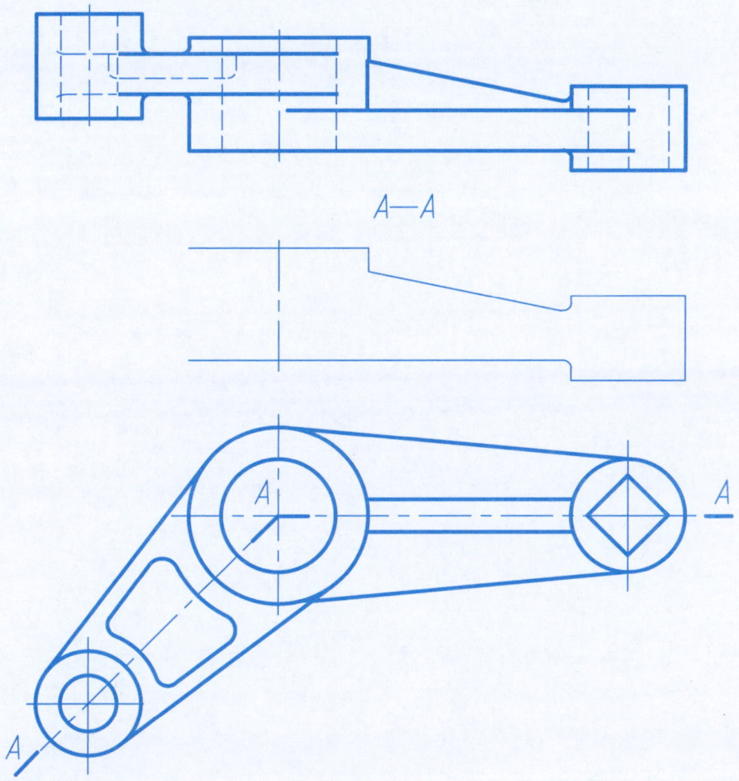

11. 将左视图画成 *A*—*A* 全剖视图（用两平行的剖切平面剖切），注意剖切标注。

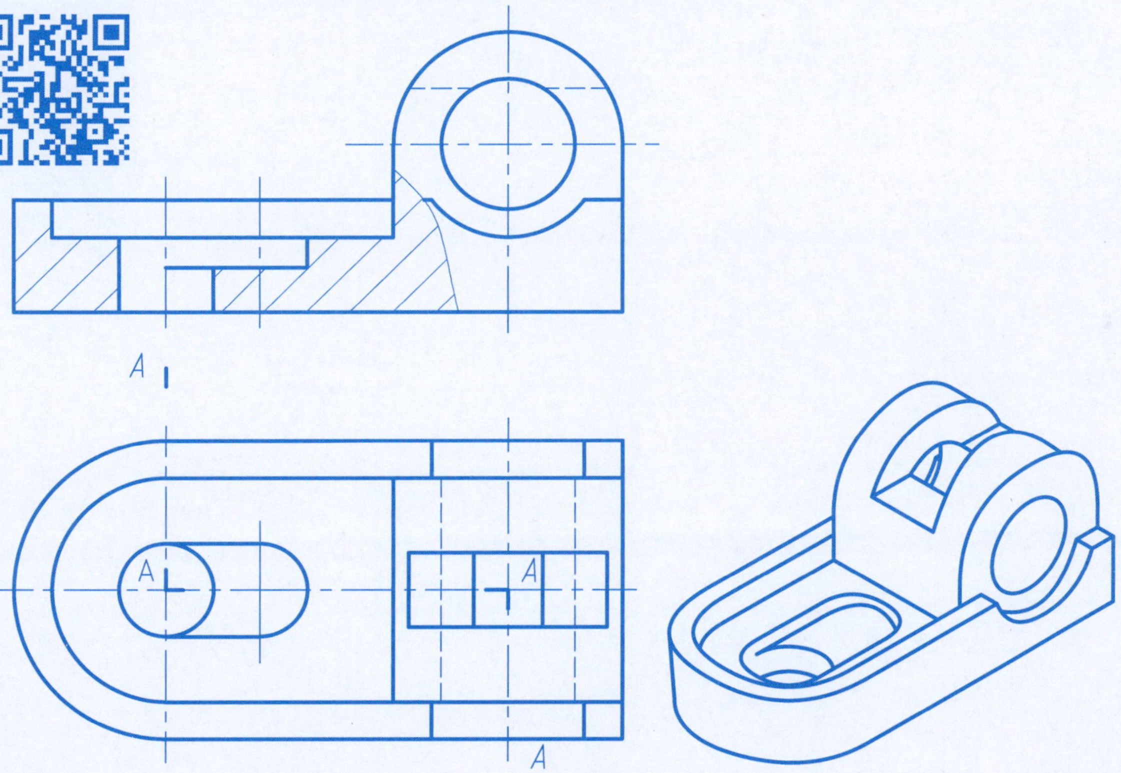

12. 画出 *A*—*A* 全剖视图（用两平行的剖切平面剖切）。

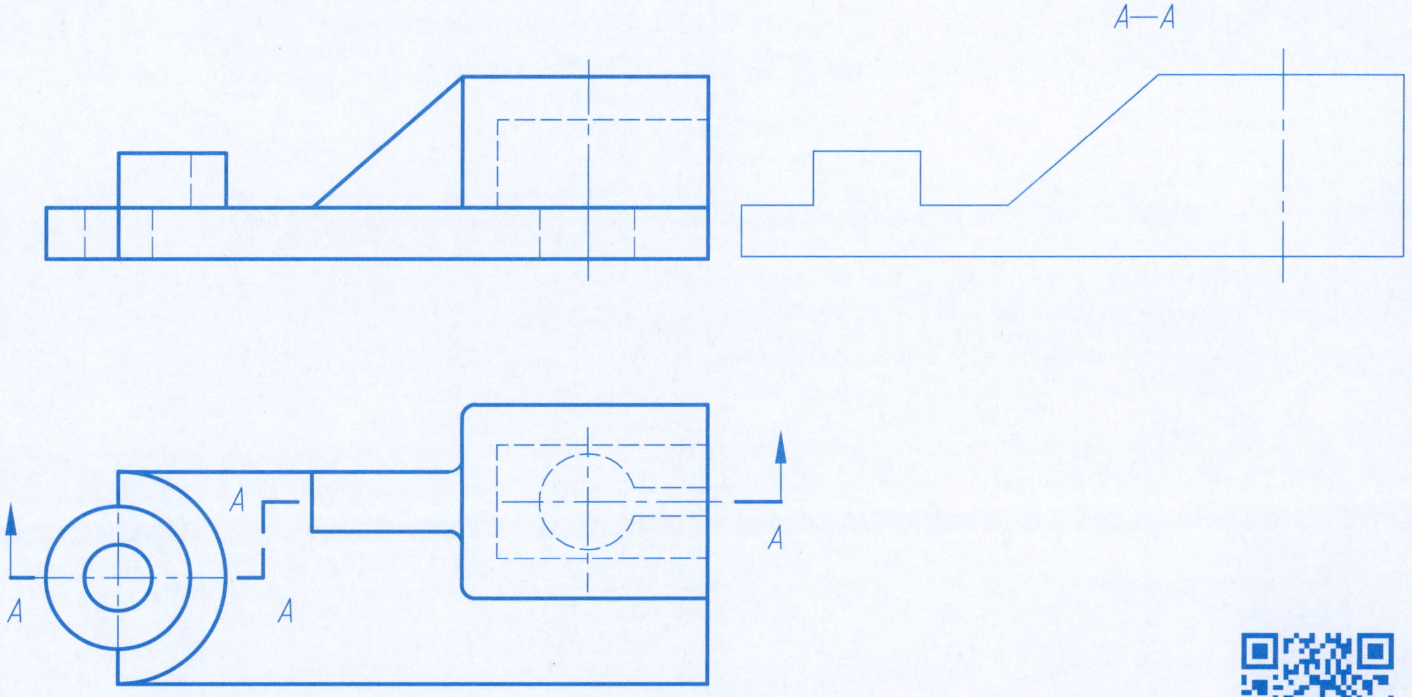

1. 画出轴上指定位置的断面图(*A* 处键槽深 3.5 mm,*D* 处键槽深 3 mm,*B* 处为前后对称的两平面,两平面相距 18 mm)。

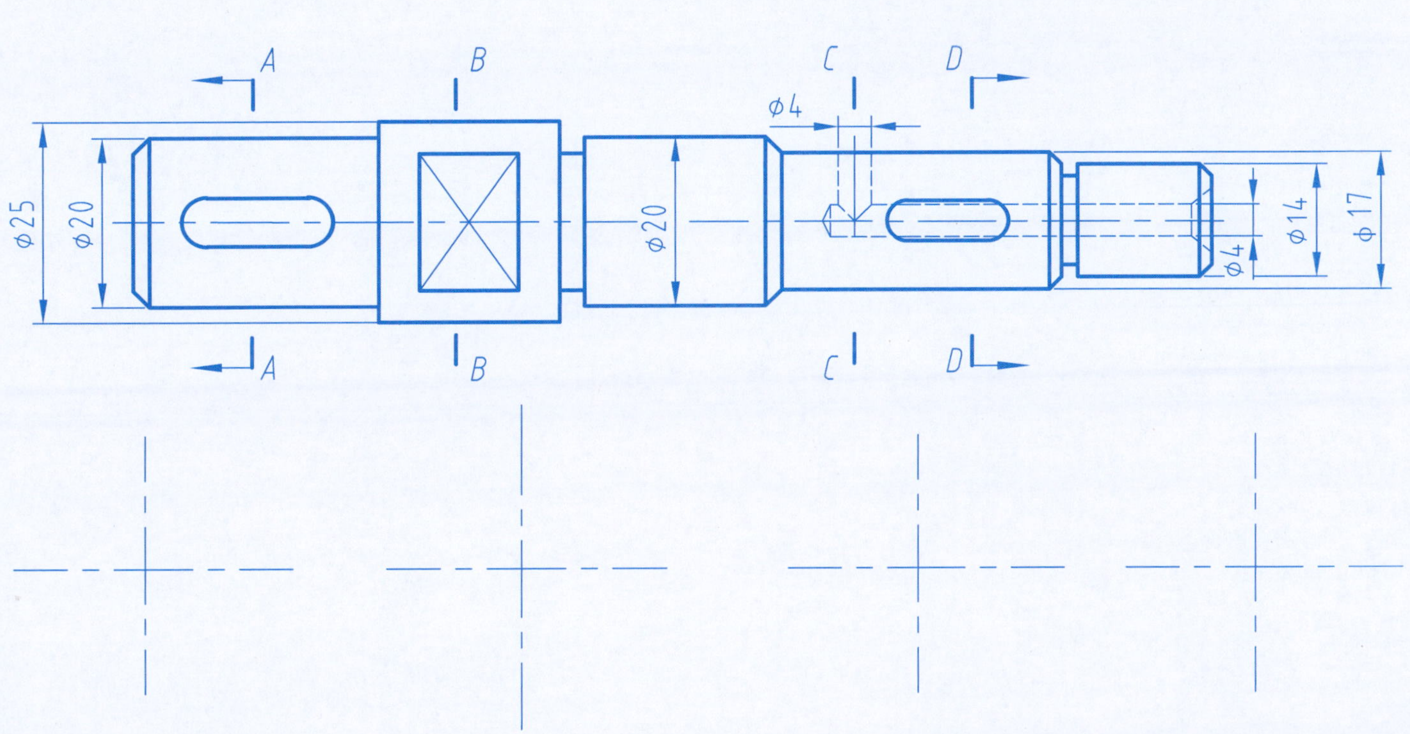

2. 下列 4 组移出断面图中,哪一组是正确的?(　　　　)

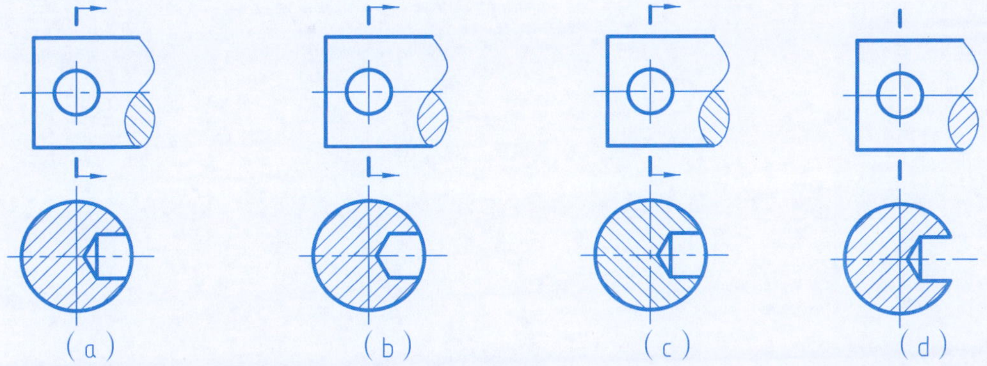

3. 下列 4 组重合断面图中,哪一组是正确的?(　　　　)

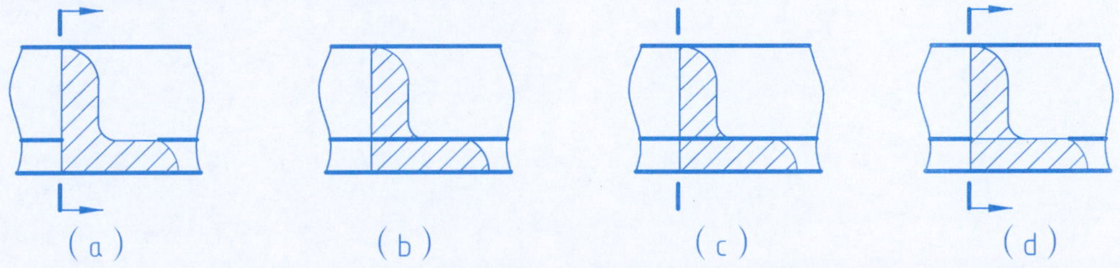

4. 画出 *A*—*A* 移出断面图。

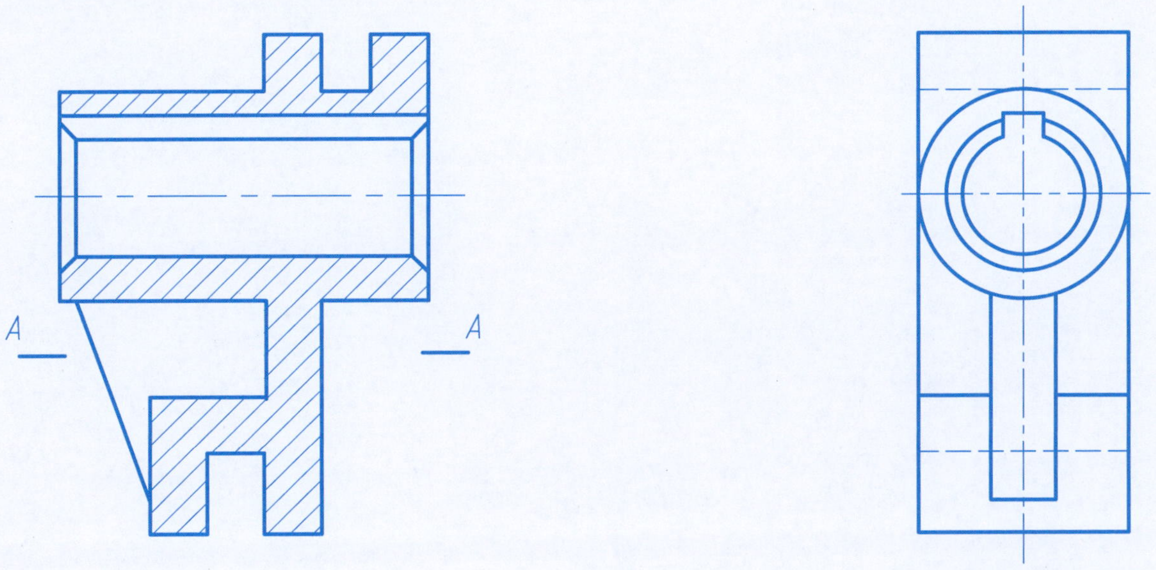

5. 画出 *A*—*A* 移出断面图。

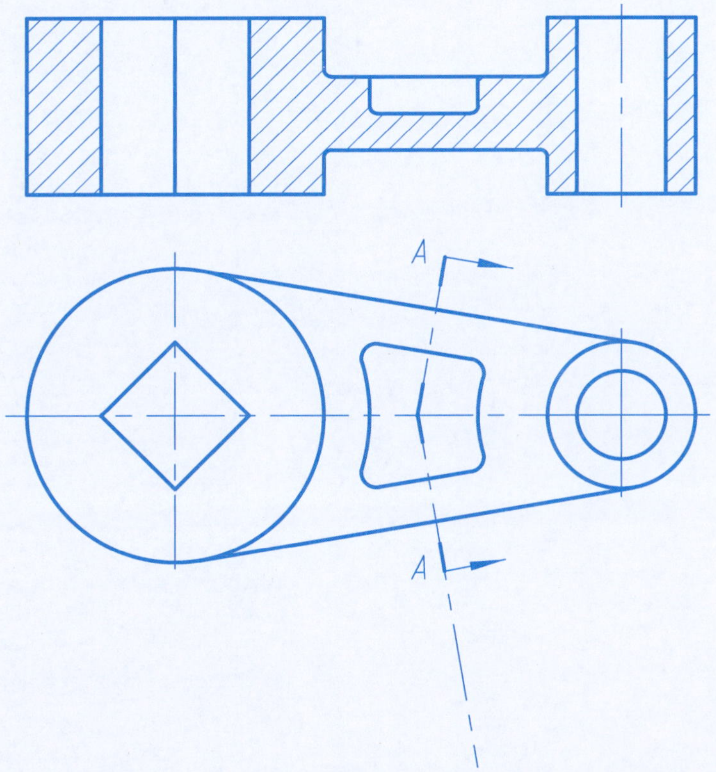

1.目的、内容与要求:

(1)目的、内容:根据所给机件的视图选择并画出所需的剖视图、断面图和其他视图,并标注尺寸。

(2)要求:对指定的机件选择适当的表达方案,将机件的内外形状表达清楚。

2.图名、图幅、比例:

(1)图名:投影制图。

(2)图幅:A3。

(3)比例:按题目自定。

3.绘图步骤与注意事项:

(1)对所给视图作形体分析,在次基础上选择表达方案。

(2)根据规定的图幅和比例,合理布置视图的位置。

(3)画图时,要注意将视图改画成适当的剖视图,按需要画出断面图和其他视图,并作适当配置,标注和调整各部分尺寸。

(4)经仔细校核后用铅笔加深。

(1)

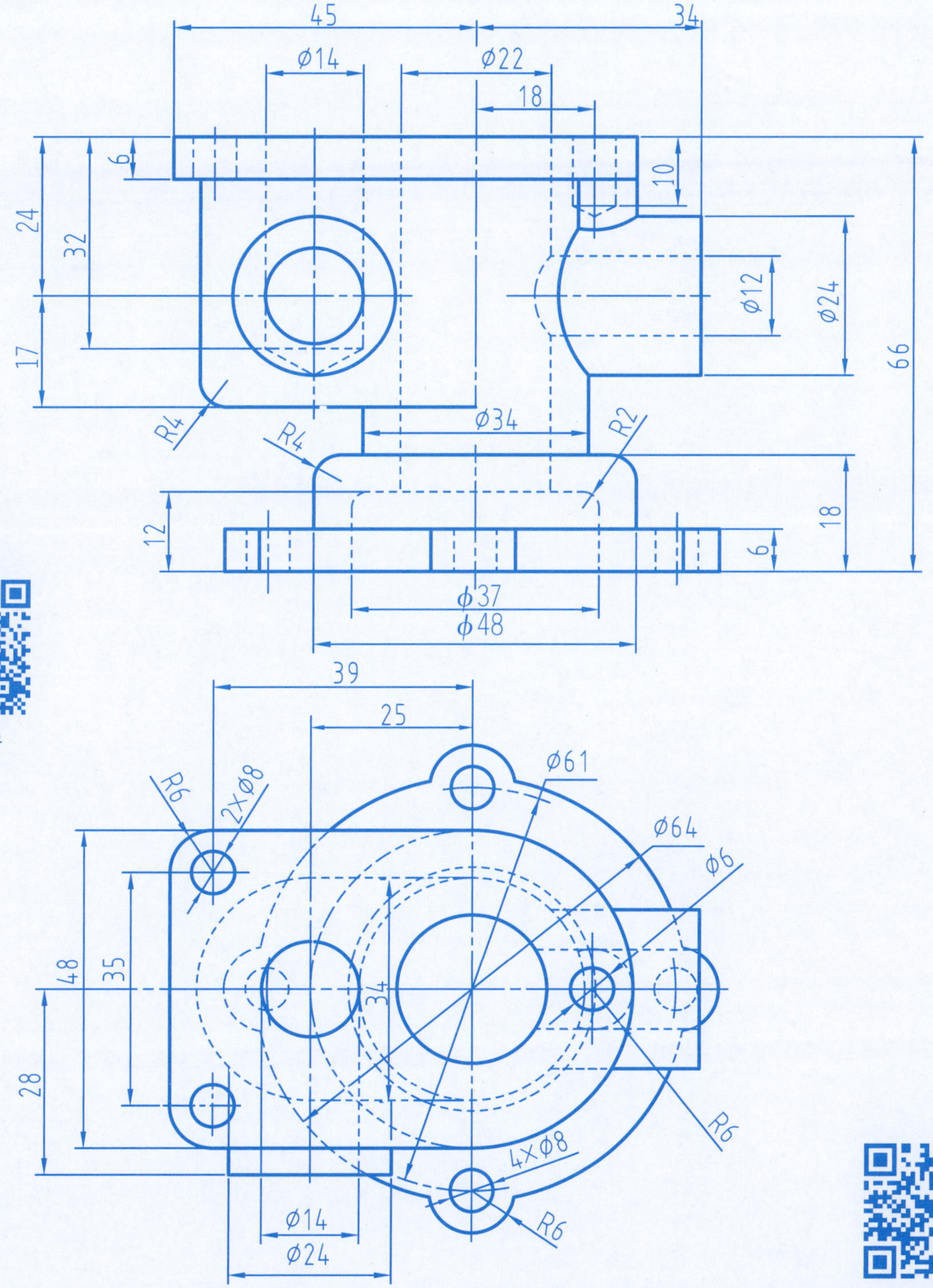

解题指导

(2)

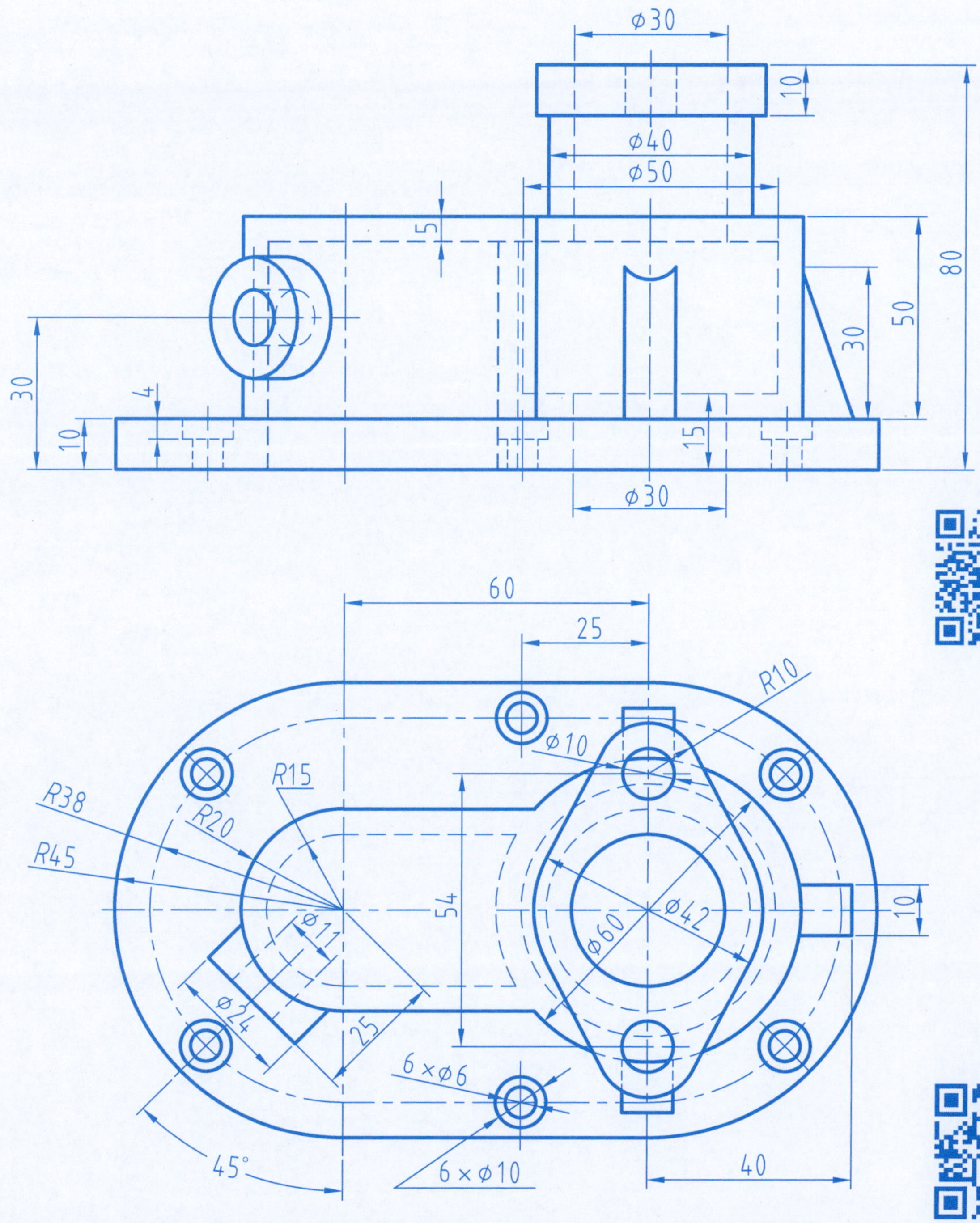

完成填空和问答题　　专业班级　　学号　　姓名　　

1. 完成下列填空：

（1）机械是由______组成的，执行机械运动的______。它按其用途和功能等，可分为______机器、______机器、______机器及______机器。

（2）材料成型法是零件毛坯的主要生产形式，常用的有______、______、粉末冶金、挤压、轧制及拉拔等。

（3）机械的生产过程中，______的制造、______的机械加工与热处理、______的装配等工作将直接改变生产对象的______、______、相对位置和性质等，使之成为产品或半成品。

（4）生产中常用的材料去除法有______、______、钻、铰、镗、磨等方法。

（5）工业中，将含碳量小于2.11%的铁碳合金，称为______；大于2.11%的铁碳合金，称为______。除主要元素铁、碳外，还含有______、______、硫、磷等。

（6）45号钢的平均含碳量为______。

（7）退火用来消除铸锻件的______应力和组织______及晶粒粗大等现象。

（8）常用灰口铸铁牌号有______和______。QT500-15的QT是______铸铁的代号，后面的数字代表______延伸率的大小。

（9）淬火用来提高钢的______度和______度。

（10）正火用______冷却，冷却速度比______火快。

2. 简述材料成型法、材料去除法、材料累加法及材料改性法四大类机械制造方法中常见的加工方式及主要用途。

3. 简述一张完整的零件图应包含的内容及零件图的功用。

4. 简述一张完整的装配图应包含的内容及装配图的功用。

1. 分析螺纹画法中的错误，在空白处画出正确的图形。

（1）外螺纹。

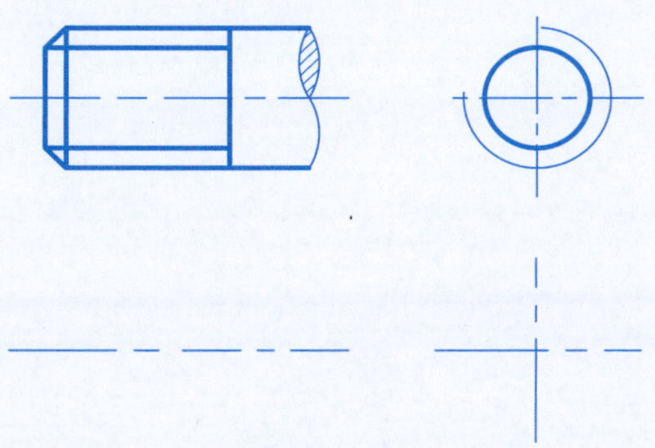

（2）内螺纹。

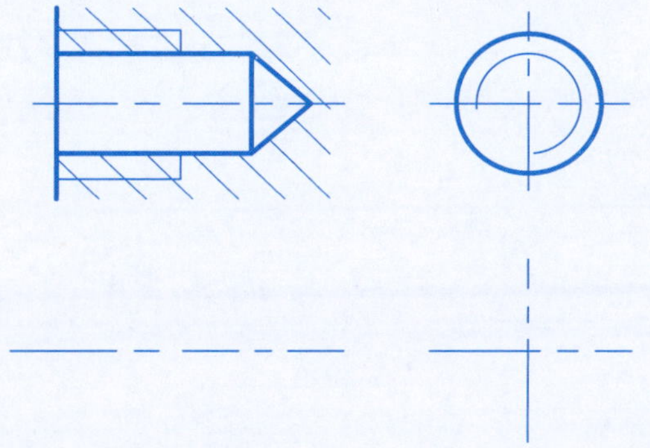

（3）内螺纹。

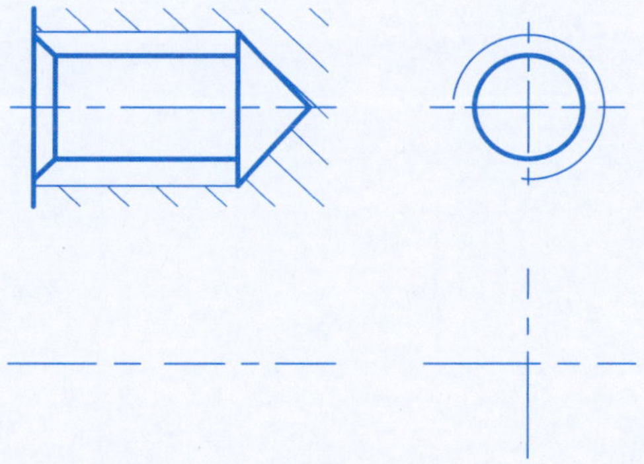

（4）内螺纹（非螺纹密封的管螺纹，螺孔相贯）。

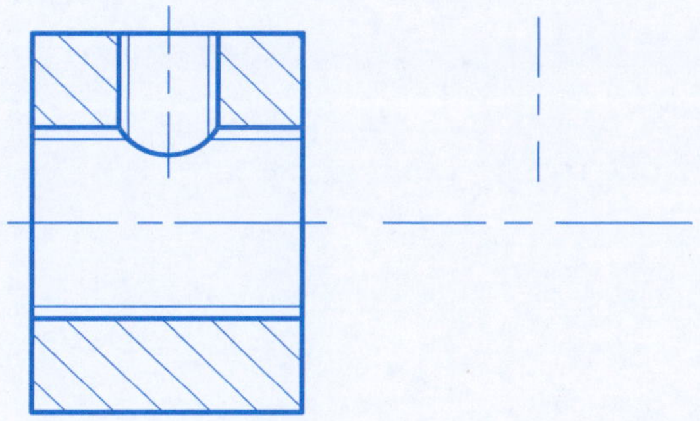

（5）内外螺纹的联接。

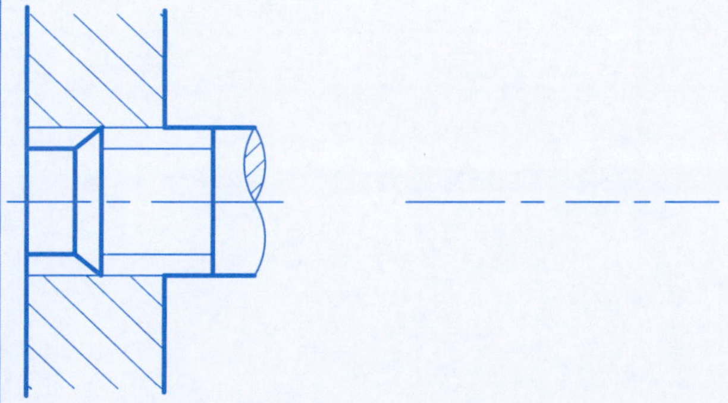

（6）内外螺纹联接。

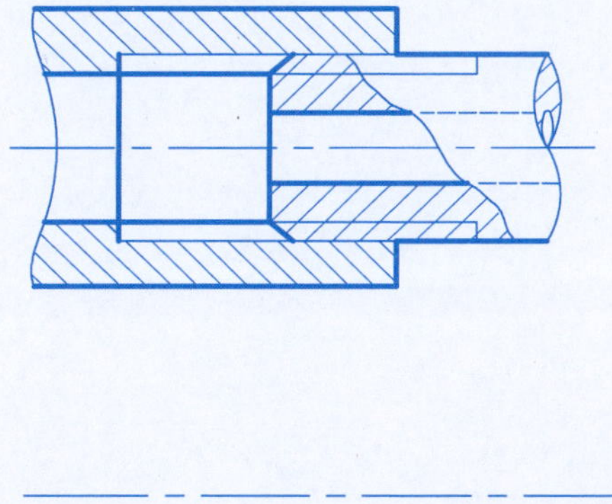

2. 在下列图中标注螺纹的规定代号。

（1）粗牙普通螺纹，大径 20，螺距 2.5，中径和顶径的公差带代号为 7H，右旋。

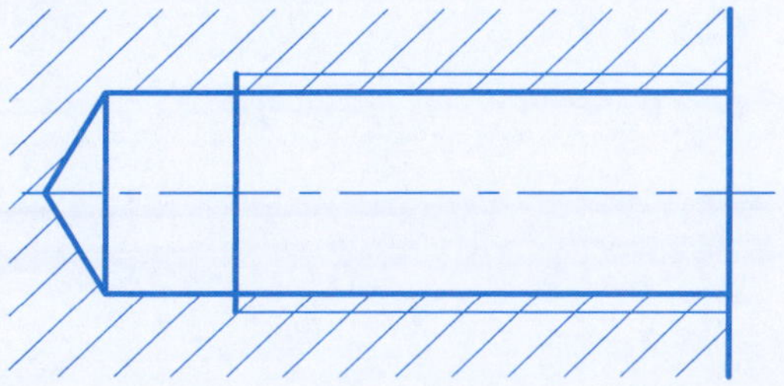

（2）细牙普通螺纹，大径 20，螺距 1.5，中径和顶径的公差带代号为 6h，左旋。

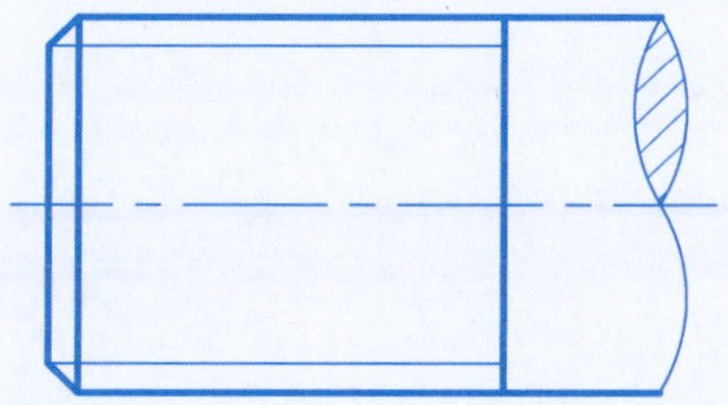

（3）梯形螺纹，公称直径 24，导程 10，双线，左旋，中径的公差带代号为 7e。

（4）非螺纹密封的管螺纹，A 级，右旋，尺寸代号 3/4。

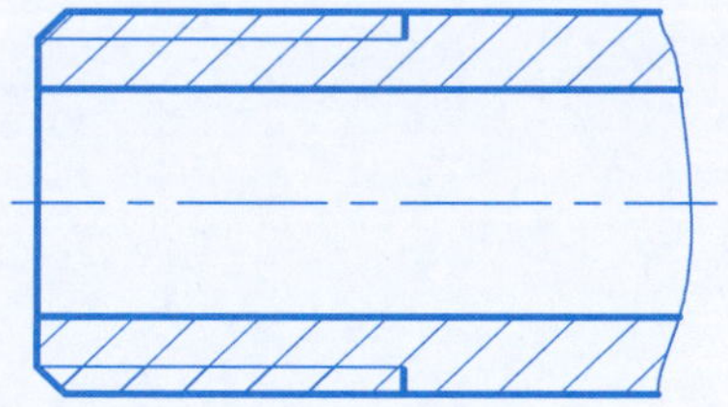

3. 根据螺纹代号，查表并填写螺纹各要素。

（1）

该螺纹为________螺纹；公称直径为________；
螺距为________；线数为________；
导程为________；旋向为________。

（2）

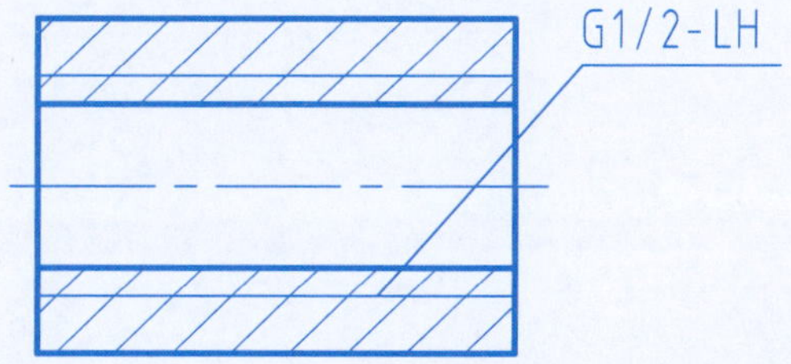

该螺纹为________螺纹；大径为________；
小径为________；螺距为________；
线数为________；旋向为________。

4. 根据螺纹的标记，查教材附录附表，填全表内各项内容。

螺纹标记	螺纹种类（内 / 外）	公称直径	导程	螺距	线数	旋向	公差带代号	旋合长度
M20−7H	粗牙普通螺纹（内）	20	2.5	2.5	1	右	7H	中等旋合长度
M16×1.5−5g6g−S								
Tr36×6(P3)−7e								
B32×6−7A								
M10−6H/6g−L−LH								
Tr24×5−8H/8c								

螺纹标记	螺纹种类	尺寸代号	螺纹大径	螺纹小径	每 25.4 mm 内的牙数	螺距	旋向
G1/2							

5. 根据已知条件查教材附录附表，标出尺寸数值，并写出该螺纹紧固件的规定标记。

（1）螺纹规格 $d=12$，公称长度 $L=45$，A 级的六角头螺栓。

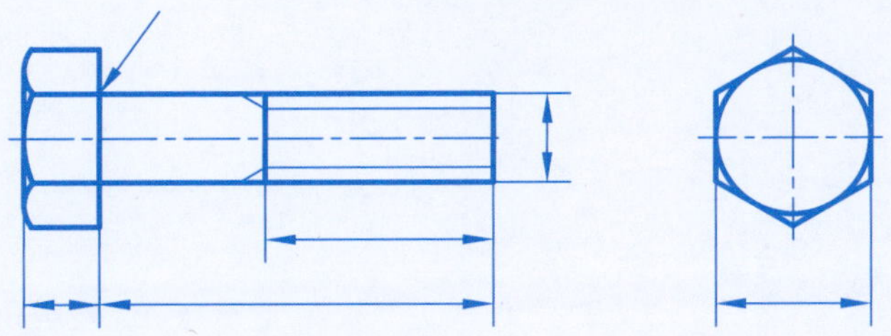

标记：________________

（2）两端均为粗牙螺纹，螺纹规格 $d=16$，公称长度 $L=50$，B 型，$b_m=1d$ 的双头螺柱。

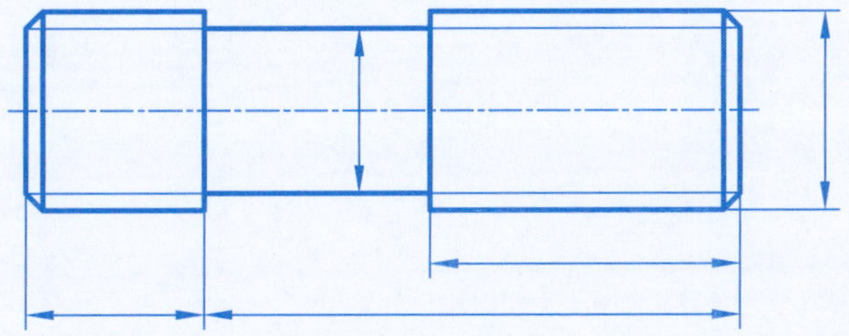

标记：________________

（3）螺纹规格 $d=8$，公称长度 $L=30$ 的圆柱头螺钉。

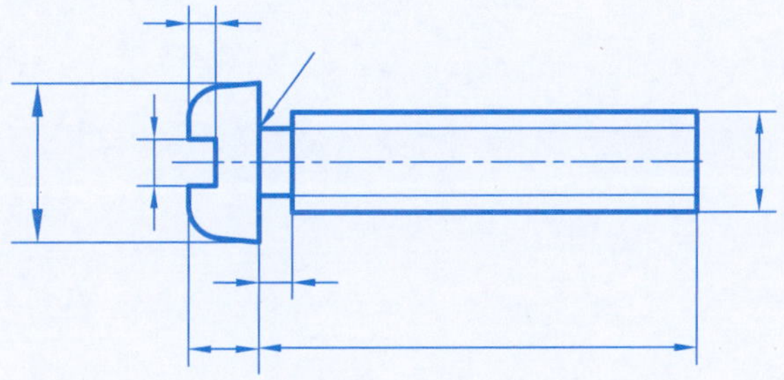

标记：________________

（4）螺纹规格 $d=12$，A 级的 1 型六角螺母。

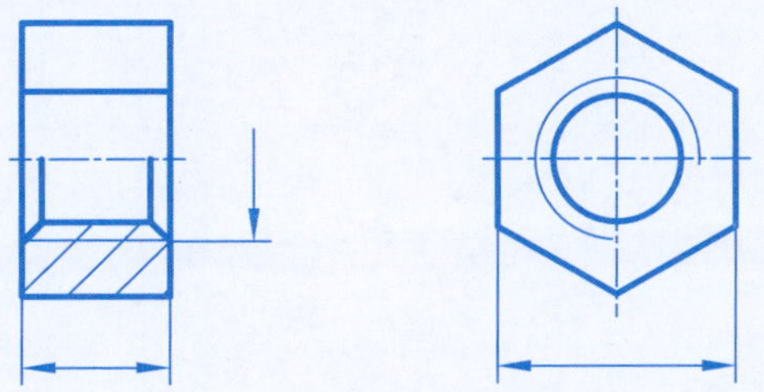

标记：________________

（5）标准系列，公称尺寸为 $d=12$ 的平垫圈。

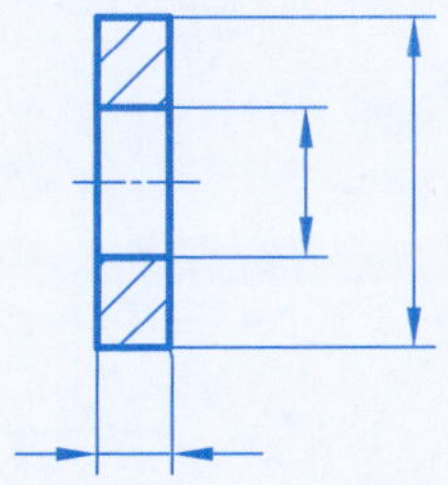

标记：________________

6.画螺栓联接的三视图（主视图画成全剖视，俯、左视图画外形图）。

已知条件：螺栓　GB/T 5782　M20×L　　螺母　GB/T 6170　M20

垫圈　GB/T 97.1　20　A140　　板厚　δ_1=20 mm，δ_2=25 mm

注：螺栓公称长度L经计算后查附表按标准长度选定。

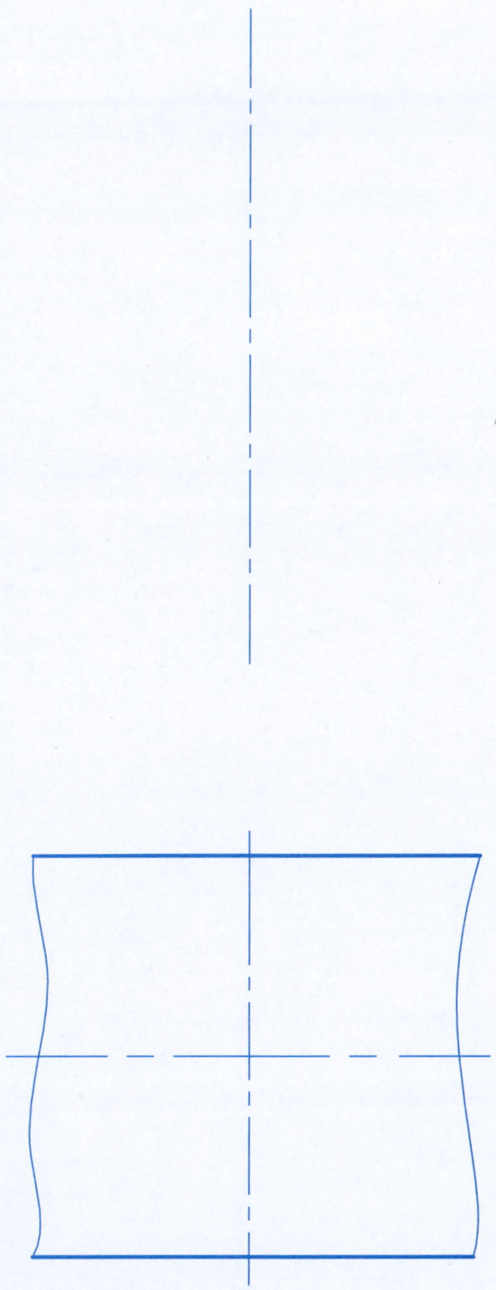

解题指导

7.画双头螺柱联接的两视图（主视图画成全剖视）。

已知条件：螺柱　GB/T 898　M20×L　螺母　GB/T 6170　M20

垫圈　GB/T 93　20　　光孔件厚度　δ = 20 mm

螺孔件材料为铸铁

注：螺柱公称长度L经计算后查附表按标准长度选定。

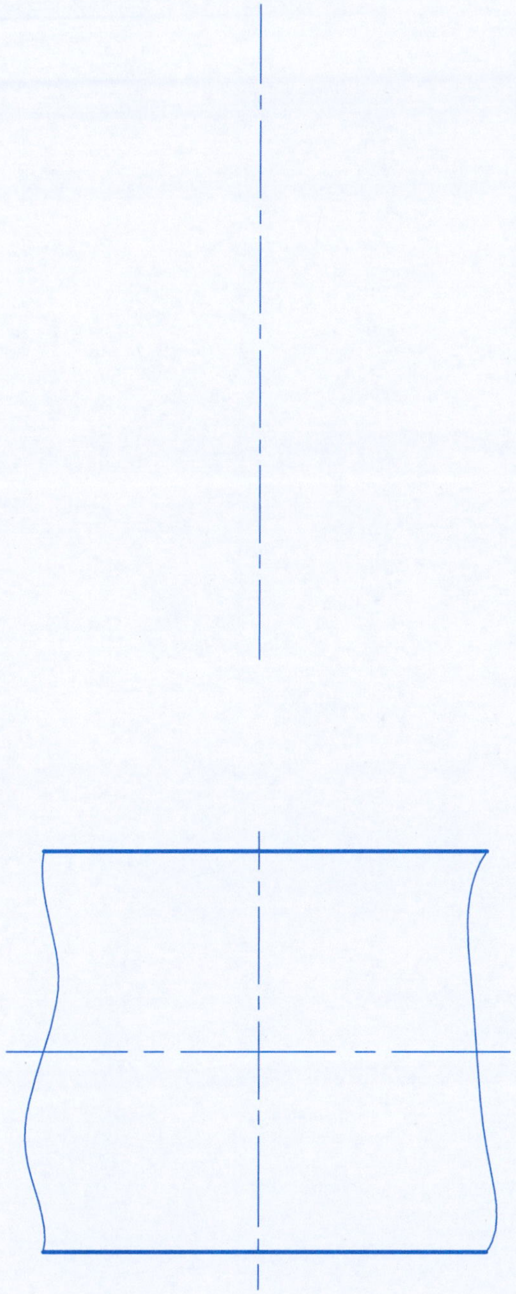

8.画螺钉联接的两视图（主视图画成全剖视）(2:1)。

已知条件：螺钉　GB/T 68　M10×L

光孔件厚度　δ = 15 mm

螺孔件材料为铝合金

注：螺钉公称长度L经计算后查附表按标准长度选定。

解题指导

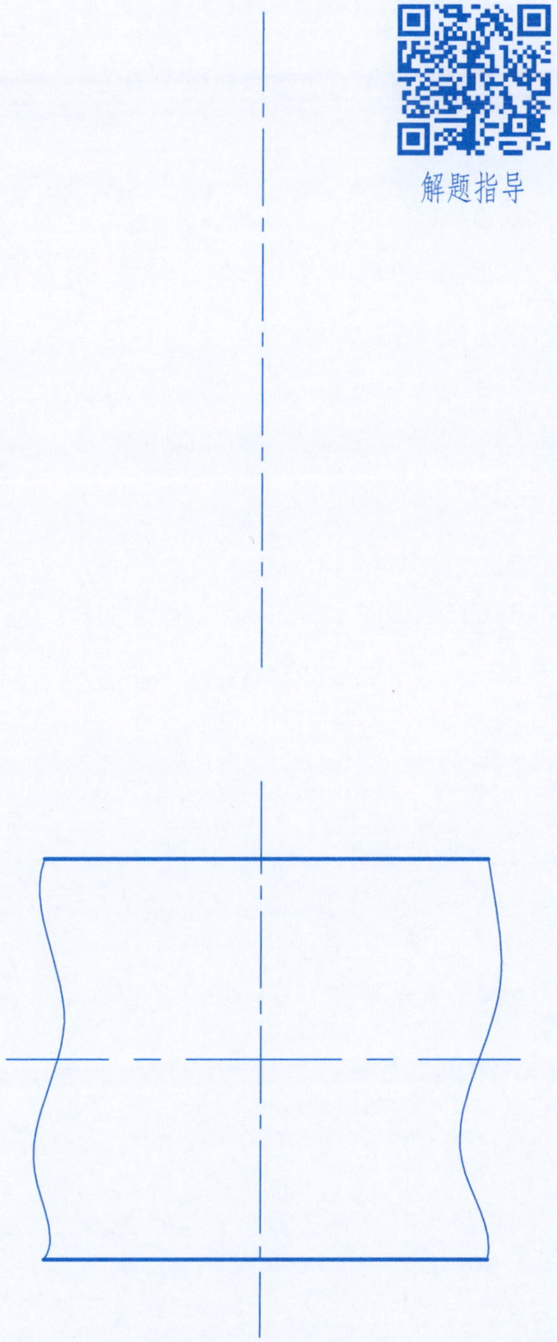

1.已知齿轮和轴用A型圆头普通平键联接，轴孔直径20 mm，键长18 mm。

（1）画出轴径查附录附表得键及键槽尺寸，写出键的标记，画全下列视图、剖视图及断面图并标注键槽尺寸。

键的规定标记：________________

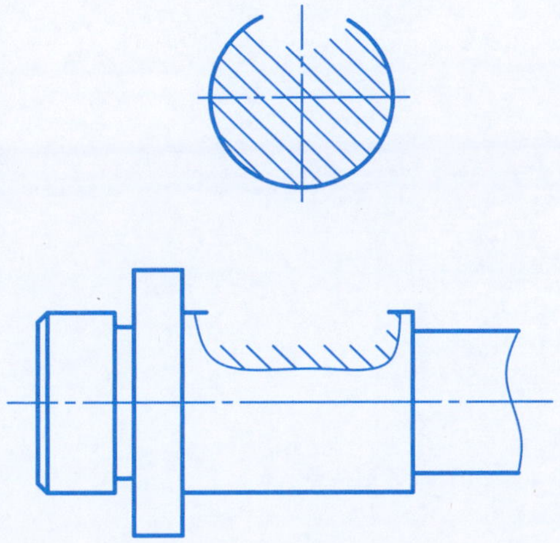

轴

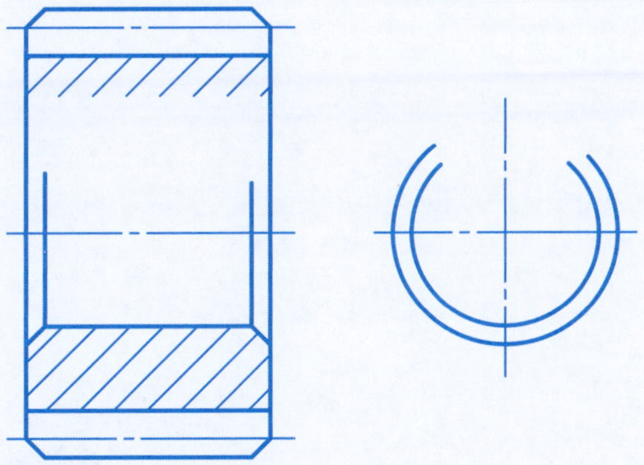

齿轮

(2)根据(1)查得的键及键槽的尺寸，画全下列键连接图。

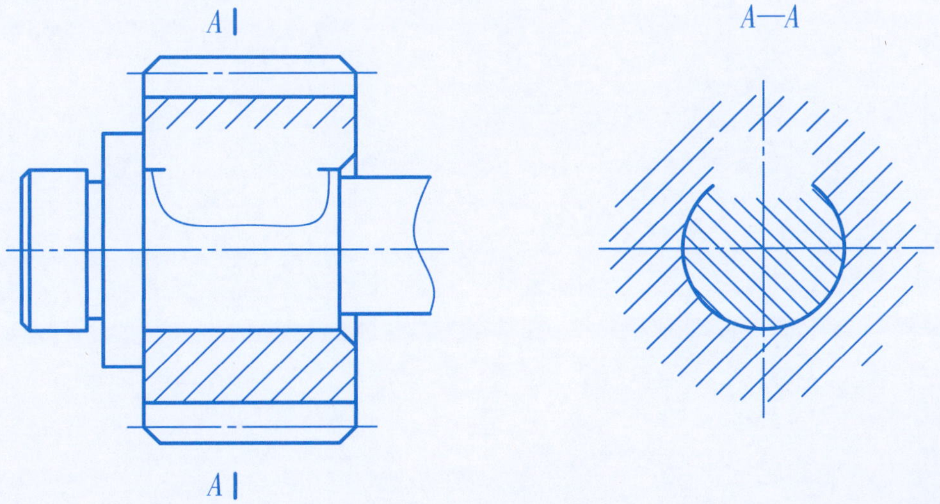

2.销联接。

（1）画出 $d=6$、A 型圆锥销联接图（补齐轮廓线和剖面线），并写出该销的标记。

标记：________________

（2）画出 $d=8$、A 型圆柱销联接图（补齐轮廓线和剖面线），并写出该销的标记。

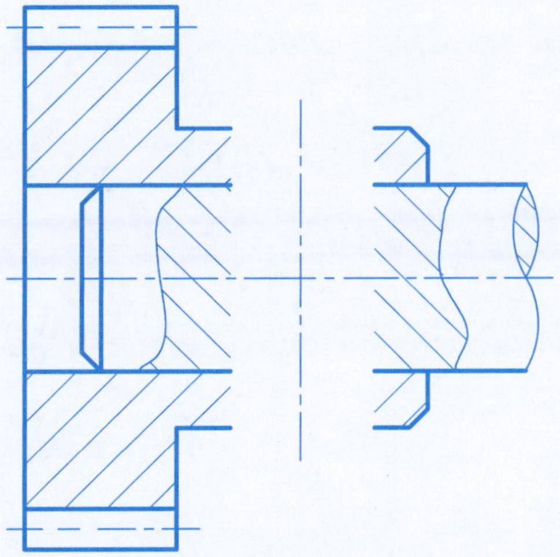

标记：________________

3.滚动轴承的画法。

（1）根据滚动轴承的代号标记，查表确定有关尺寸。

（2）采用简化画法，按比例 1:1 画出滚动轴承的另一半详细图形。

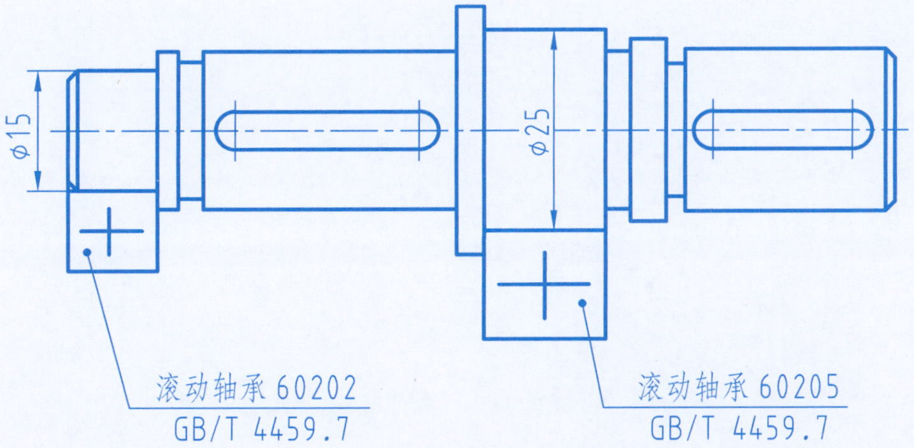

解题指导

1. 已知一直齿轮的齿数 $z=40$，模数 $m=5$ mm，其他结构如图所示，试计算出 d_a，d，d_f 等尺寸，按 1∶2 比例补全图形，并标注尺寸（键槽尺寸查表确定）。

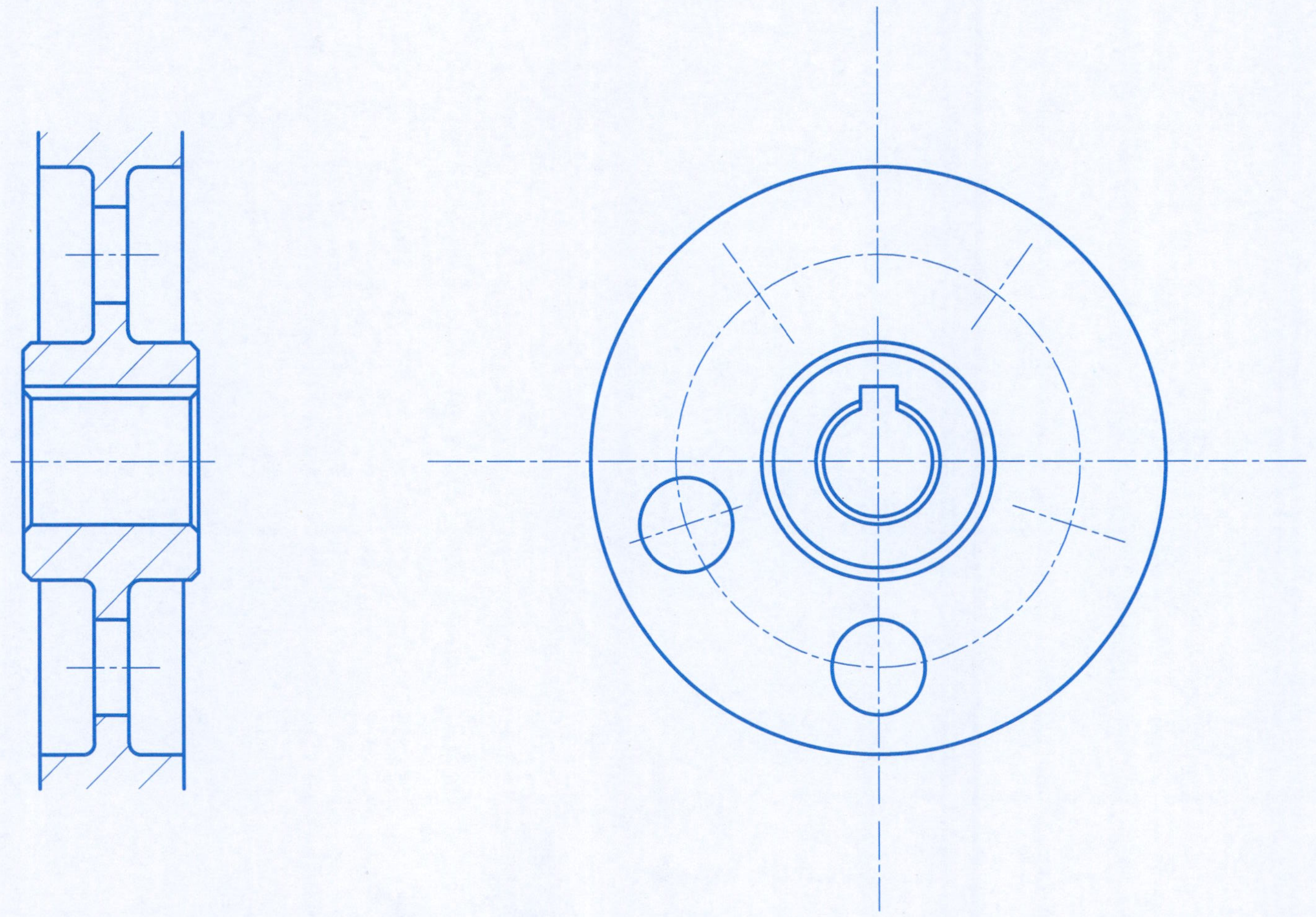

2. 已知大齿轮齿数 $z_2=38$，模数 $m=5$ mm，两齿轮的中心距 $a=142.5$，试计算大小齿轮的分度圆、齿顶圆及齿根圆直径，试按 1∶2 的比例画出两齿轮的啮合图，小齿轮为实体齿轮，与大齿轮等宽。

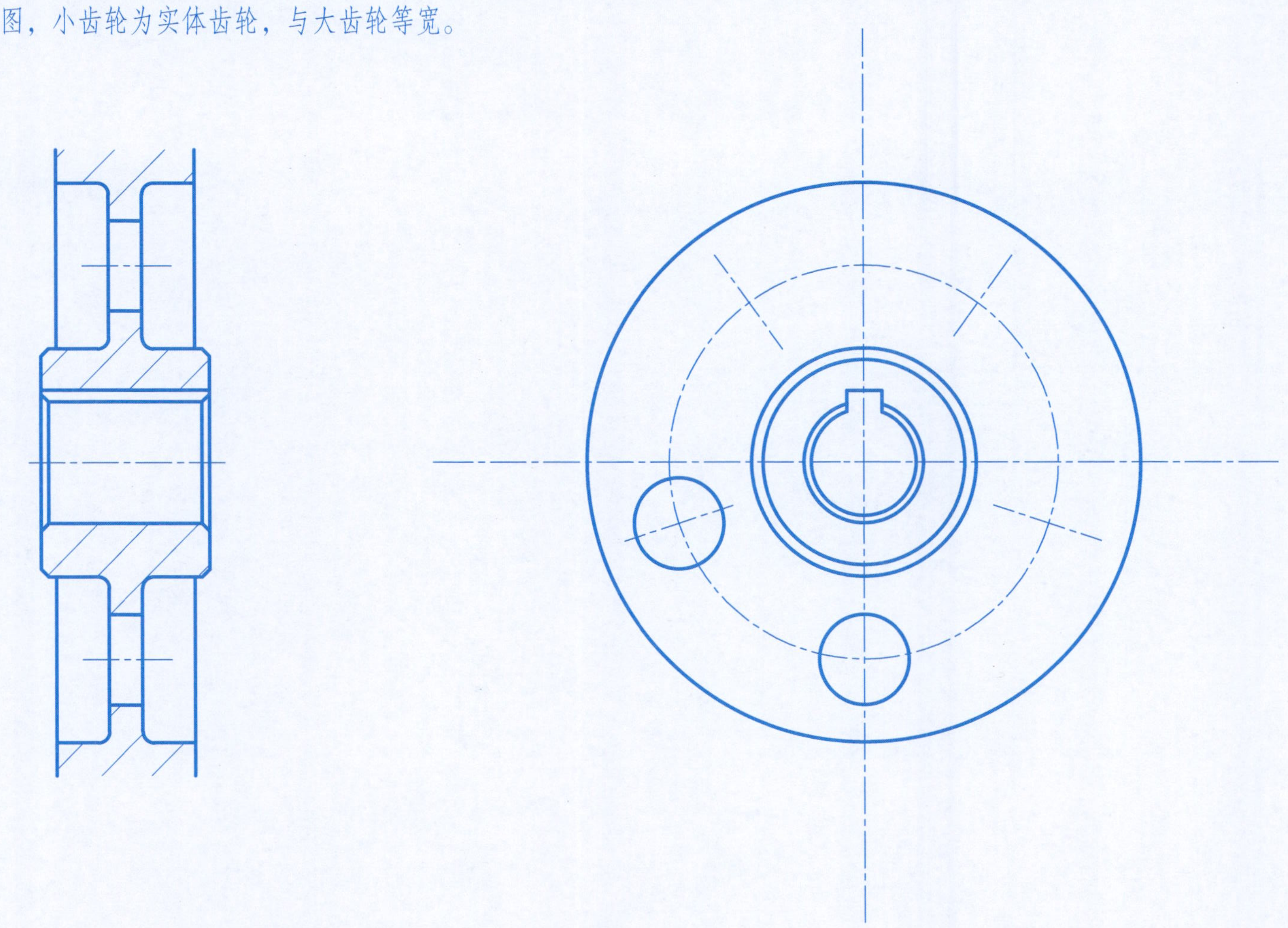

1. 选择画法正确的齿轮啮合图形（在正确图形下方字母处打“✓”）。

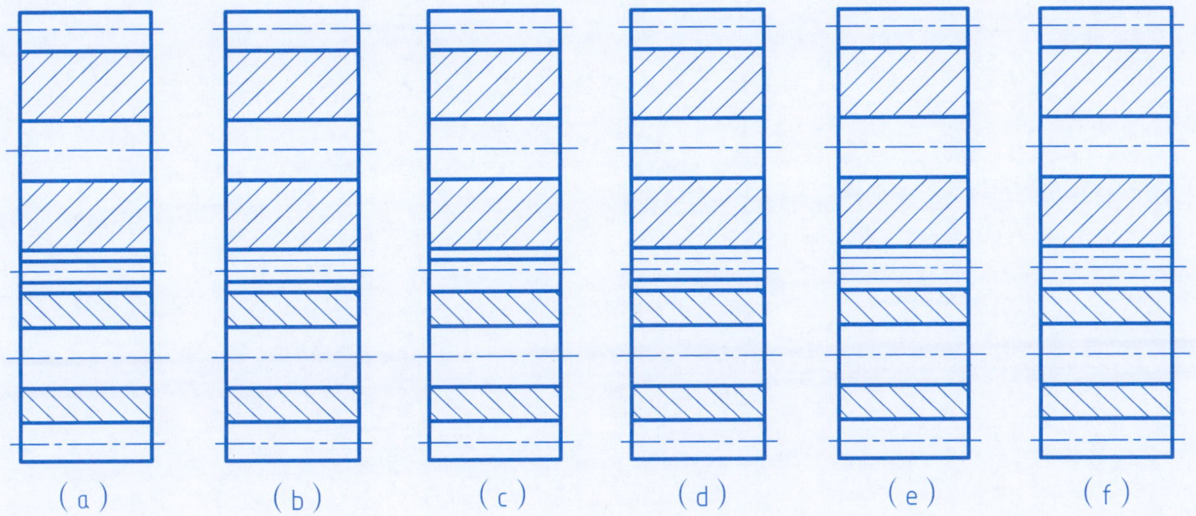

2. 分析螺纹紧固件联接画法中的错误，并在右侧画出正确的。

(1)

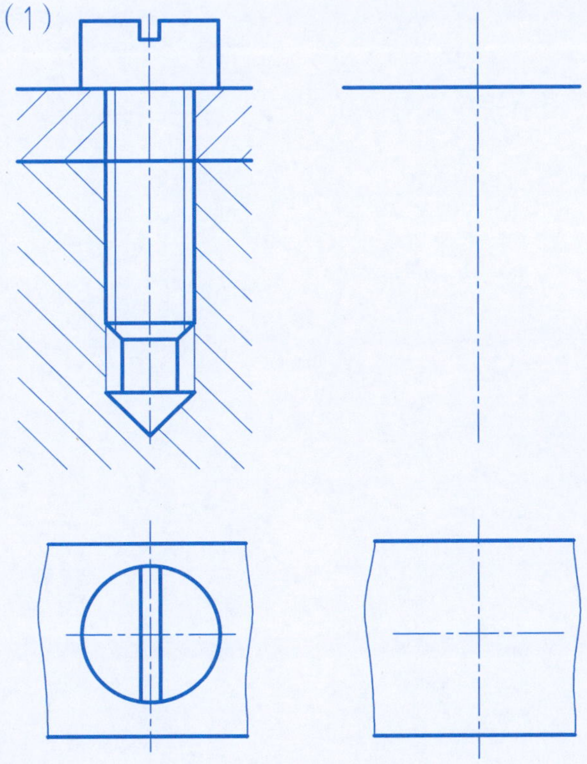

(2)

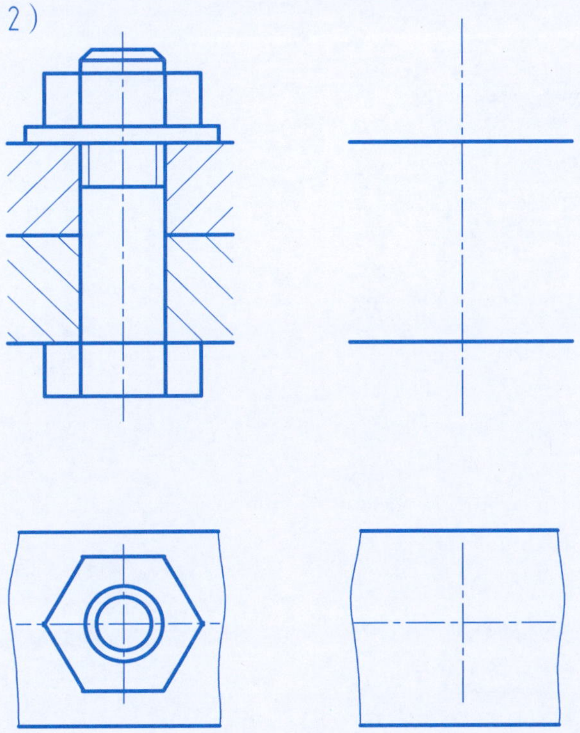

3. 已知圆柱螺旋压缩弹簧的簧丝直径 $d=8$，弹簧外径 $D=50$，节距 $t=12$，有效圈数 $n=8$，支承圈数 $n_0=2.5$，右旋，用 1 : 1 的比例画出弹簧的全剖视图。

4. 完成下列填空：

（1）常见齿轮传动形式有________传动、________传动和________传动。

（2）一对相互啮合的齿轮，其________和________必须相等。

（3）常用的3种滚动轴承按受力方向分类，分别是______轴承、________轴承和________轴承。

（4）滚动轴承类型代号6是________轴承，代号3是________轴承。

用下图所给标准件联接左右凸缘及左右轴，用 1∶2 比例，按规定画法画出联接后的图样，根据图中标记查教材附录附表确定标准件的尺寸（螺栓联接共 4 组，均匀分布）。

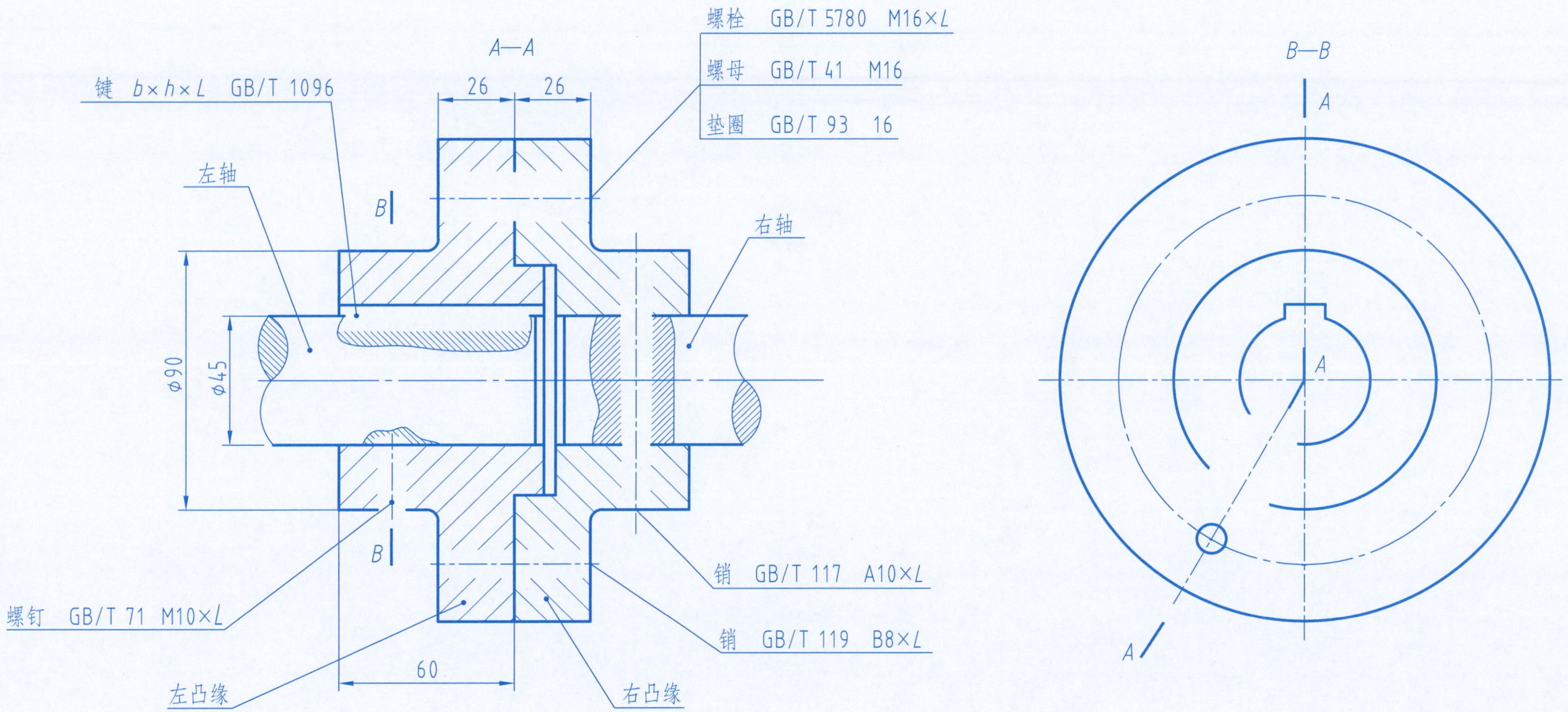

9.1 选用适当的比例及图幅，选择恰当的表达方法绘制零件草图或零件图（大作业） 专业班级 学号 姓名

1. 拨叉。

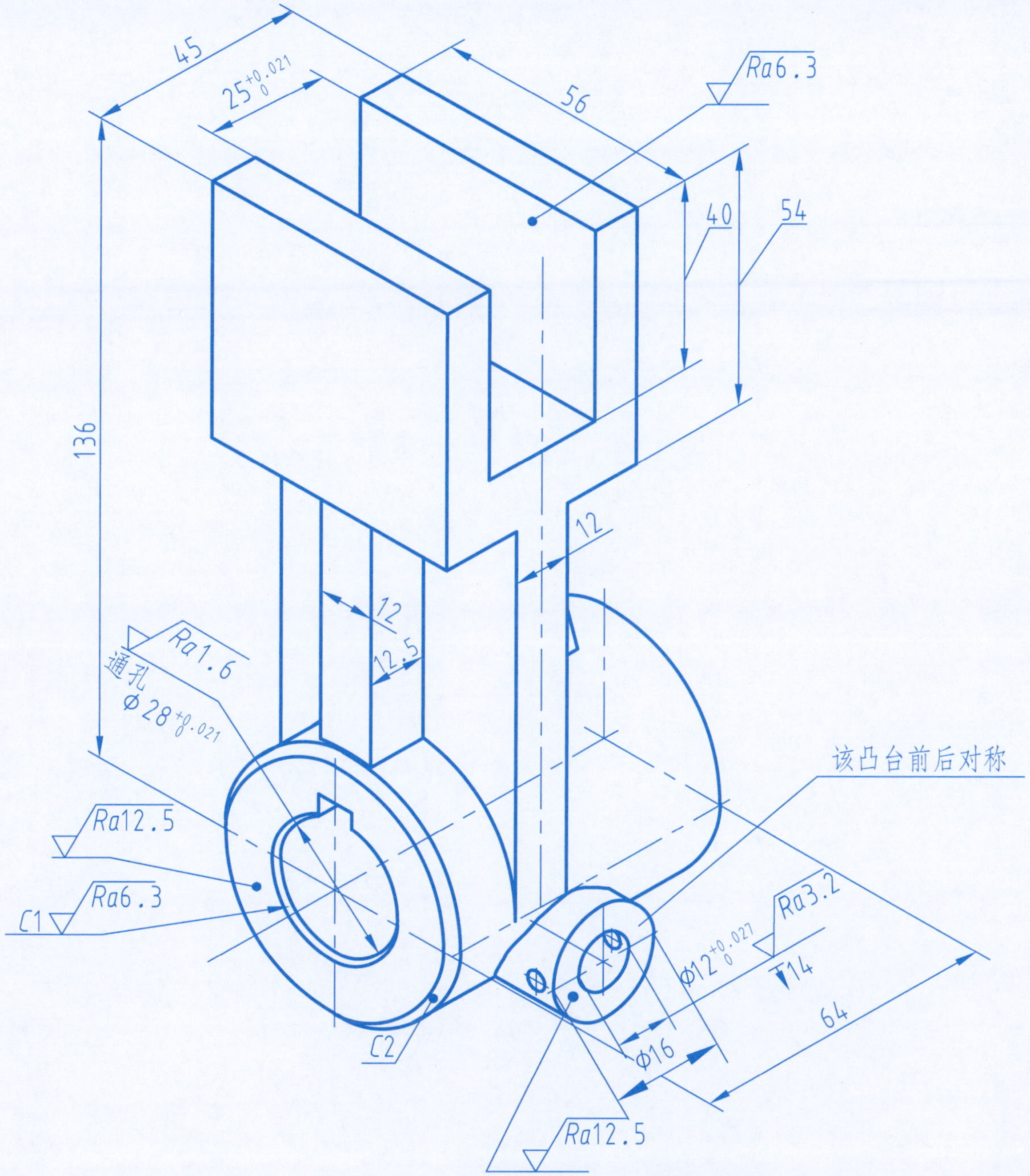

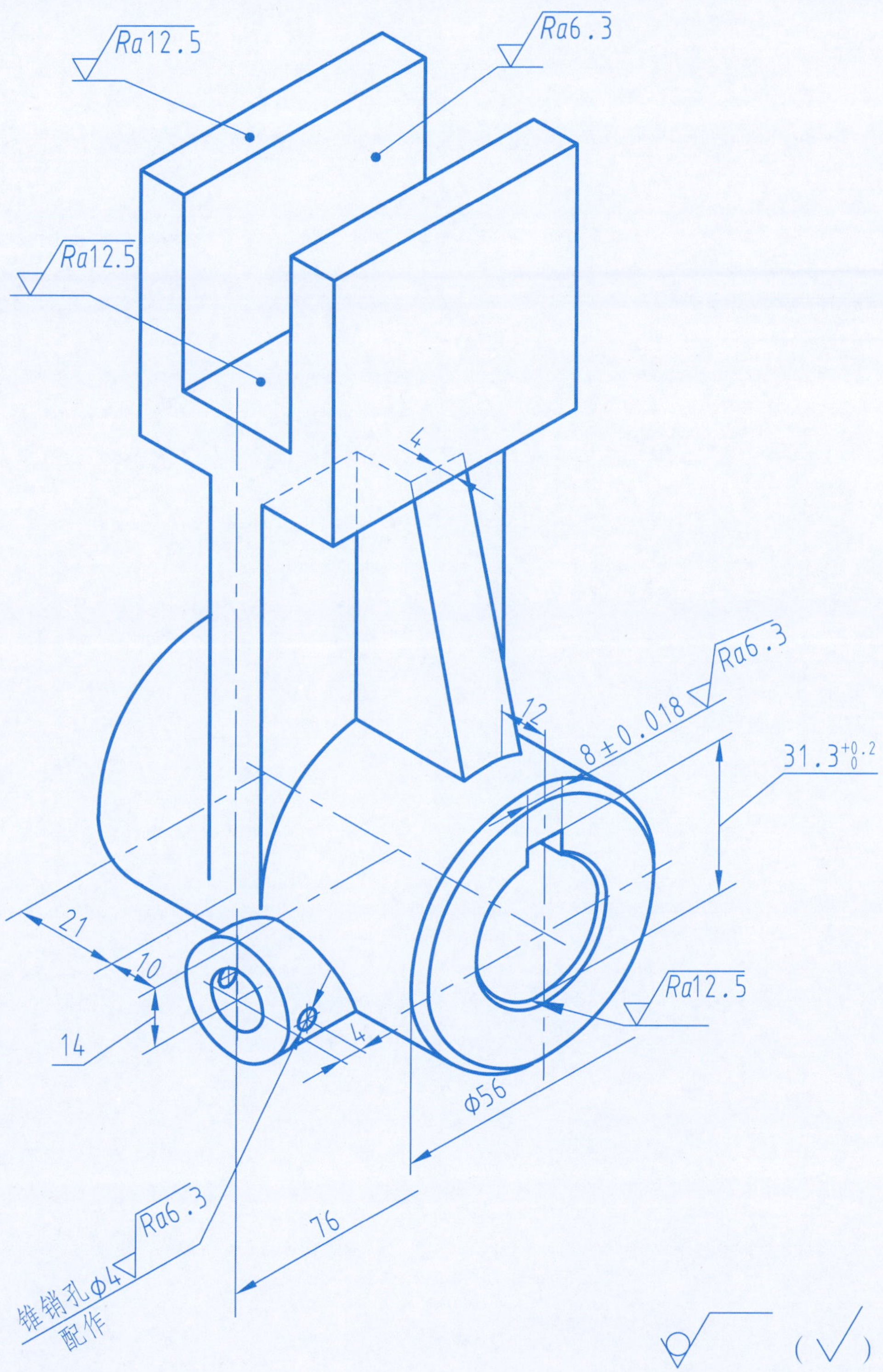

技术要求

无铸造缺陷，未注铸造圆角为 R3。

解题指导

$\sqrt{}$ （$\sqrt{}$）

材 料 HT150

2. 箱壳。

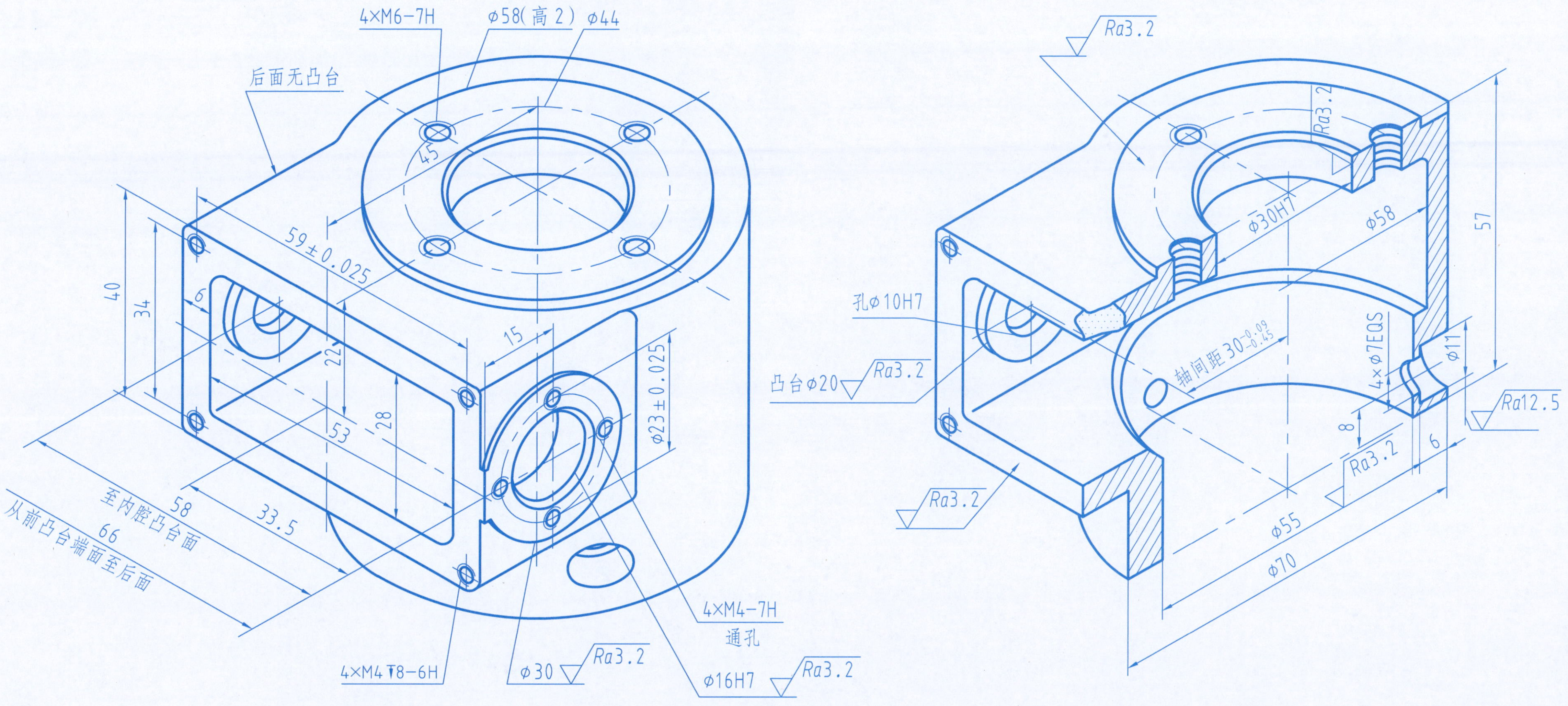

材 料 HT150

技术要求

1. 铸件不得有气孔、裂纹、夹渣等铸造缺陷。

2. 未注铸造圆角为 $R3 \sim R5$，未注倒角 $C1$。

1. 标注出零件中螺纹（*Ra*为 3.2 μm）、小孔（*Ra*为 6.3 μm）、大孔圆柱面（*Ra*为 12.5 μm）、两端面（*Ra*为 6.3 μm）、其余（*Ra*为 25 μm）的表面粗糙度。

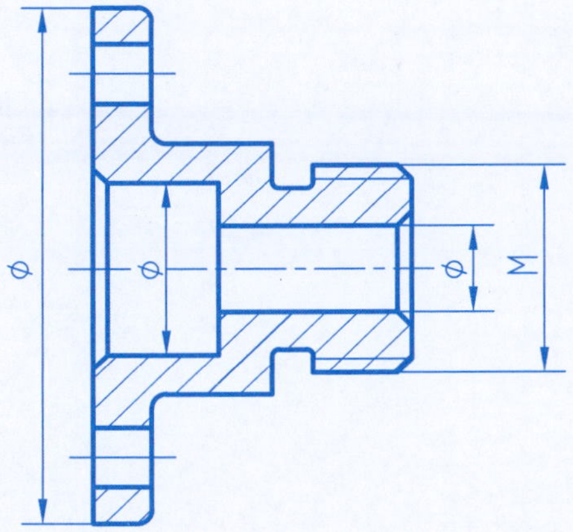

2. 标注出零件中孔和底面（*Ra*为 3.2 μm），其余表面均为铸造表面的表面粗糙度。

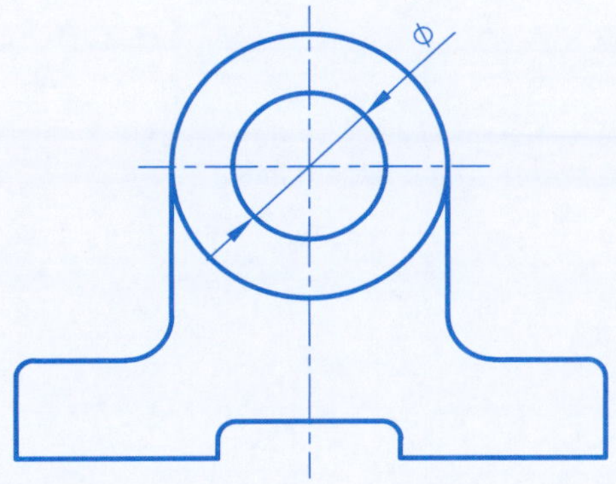

4. 标注出轴和孔的公称尺寸及上下极限偏差值，并完成填空。

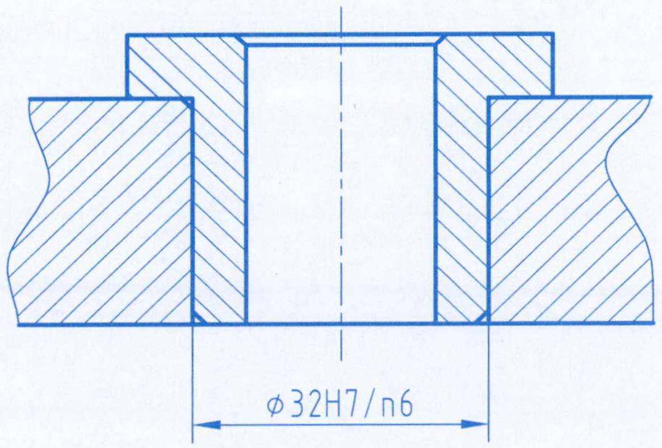

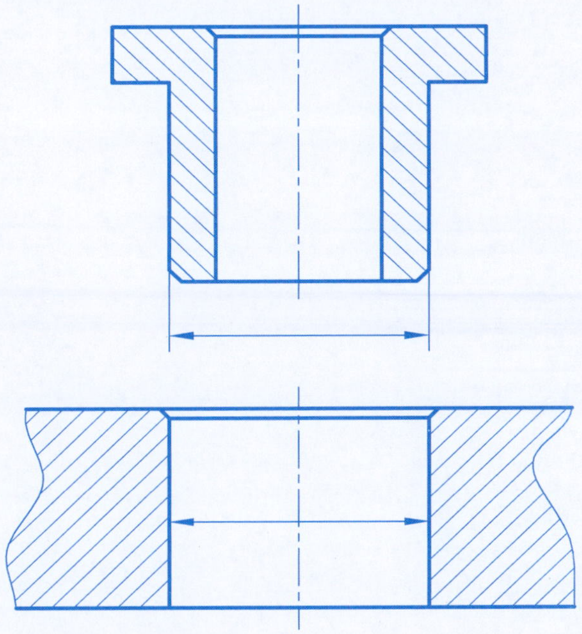

φ32 表示__________；H7 表示__________；n6 表示________；孔与轴的配合为________制的________配合。

3. 标注出齿轮零件图中轮齿齿侧（工作表面 *Ra*为 0.8 μm）、键槽双侧（*Ra*为 3.2 μm）、槽底（*Ra*为 6.3 μm）、孔和两端面（*Ra*为 3.2 μm）、其余（*Ra*为 12.5 μm）的表面粗糙度。

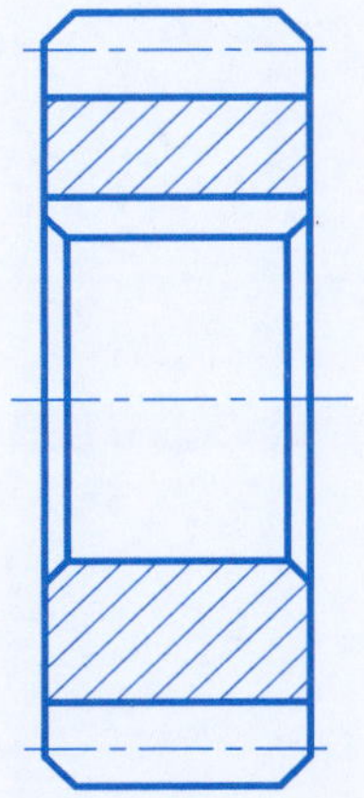

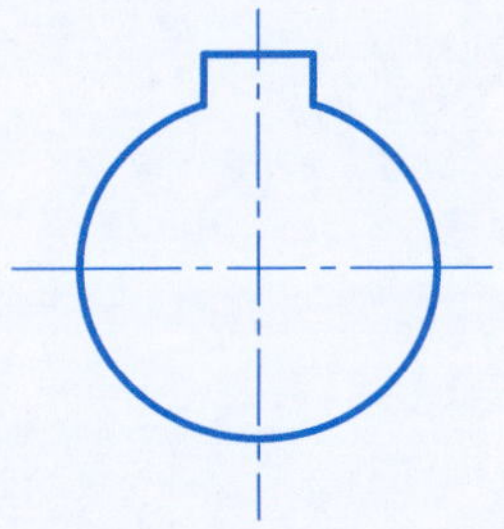

5. 标注出轴和孔的公称尺寸及上下极限偏差值，并完成填空。

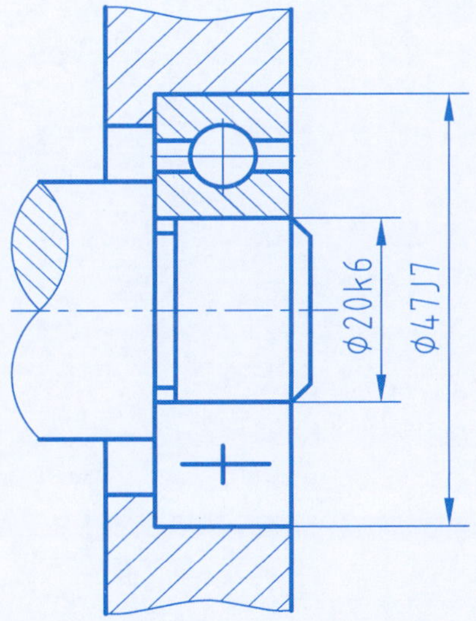

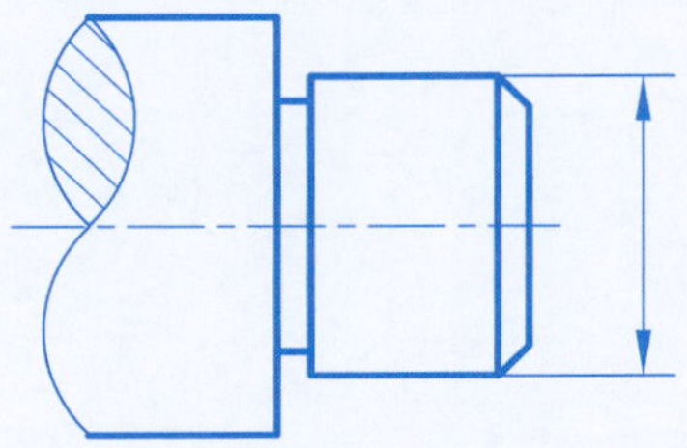

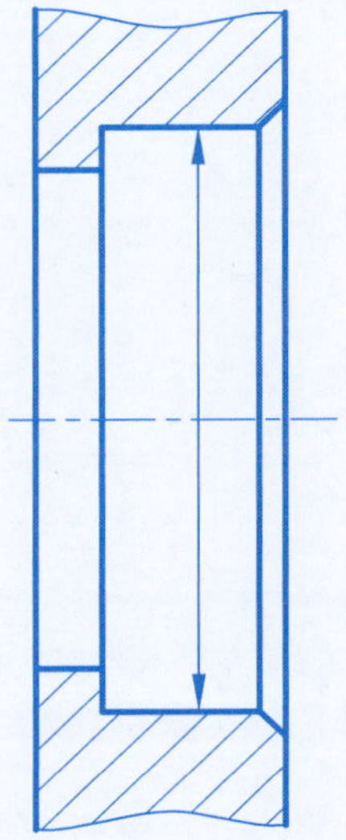

k6 表示______________；J7 表示______________；轴与轴承孔配合为____________制；基座孔（φ47J7）与轴承外圈配合为____________制。

1. 根据零件图中标注的相应尺寸和公差带代号，在装配图中分别标注出配合代号。

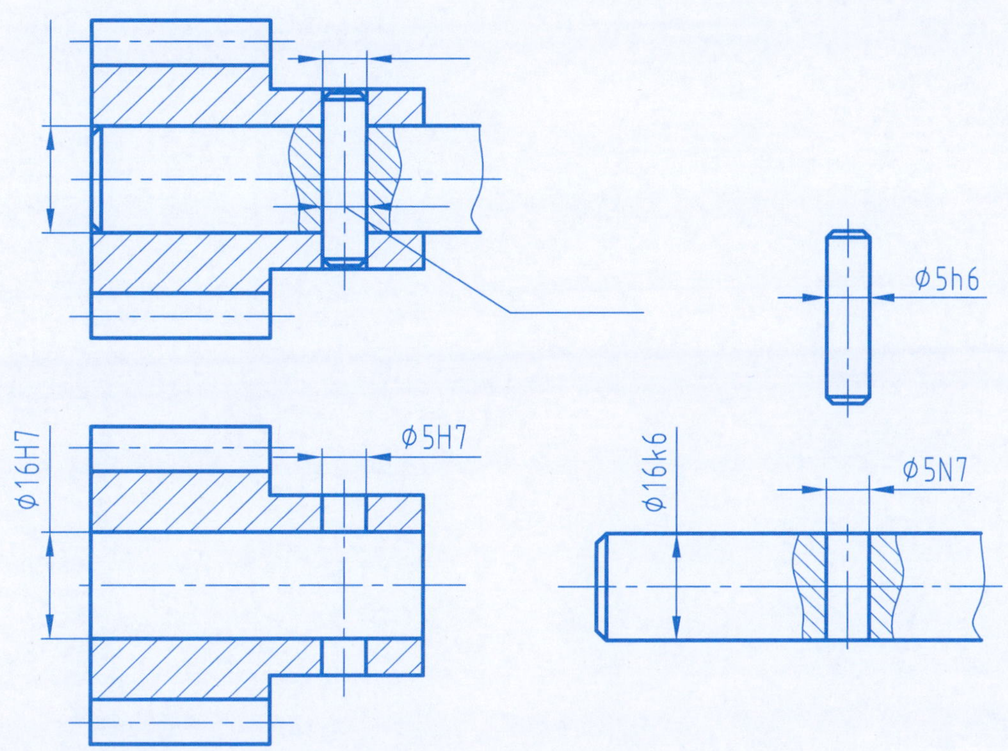

2. 标注轴的下列几何公差：①φ30h7 的圆柱度公差为 0.02；②φ30h7 轴线对φ15H6 轴线的同轴度公差为 0.03；③φ40h7 圆柱面对φ15H6 与φ20f6 的公共轴线的圆跳动公差为 0.04；④φ40h7 两端面对φ15H6 与φ20f6 的公共轴线的圆跳动公差为 0.04。

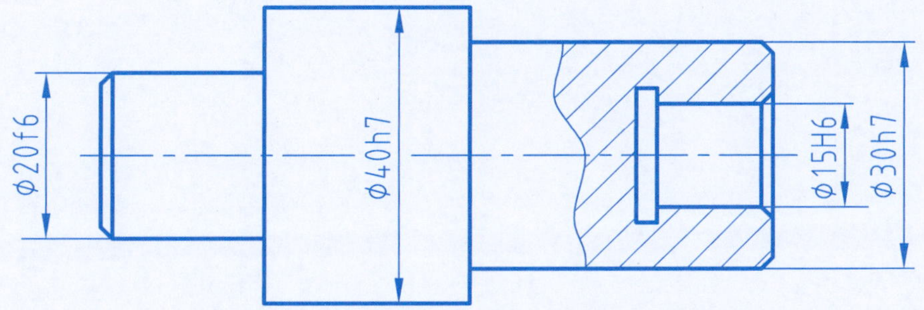

9.4 读零件图，并完成下列填空

1. 读主动轴零件图。

（1）该零件的名称是________，材料是________，采用的表达方法有____________________________________。

（2）分别用指引线和文字指出长、宽、高 3 个方向的主要尺寸基准。

（3）试解释 ◎|φ0.035|A 的含义：____________________。

（4）$\phi95^{+0.025}_{+0.003}$ 的公称尺寸是________，上极限尺寸是________，下极限尺寸是________，尺寸公差是________。

（5）表面质量要求最高的圆柱面是________圆柱面，其 Ra 值是________。

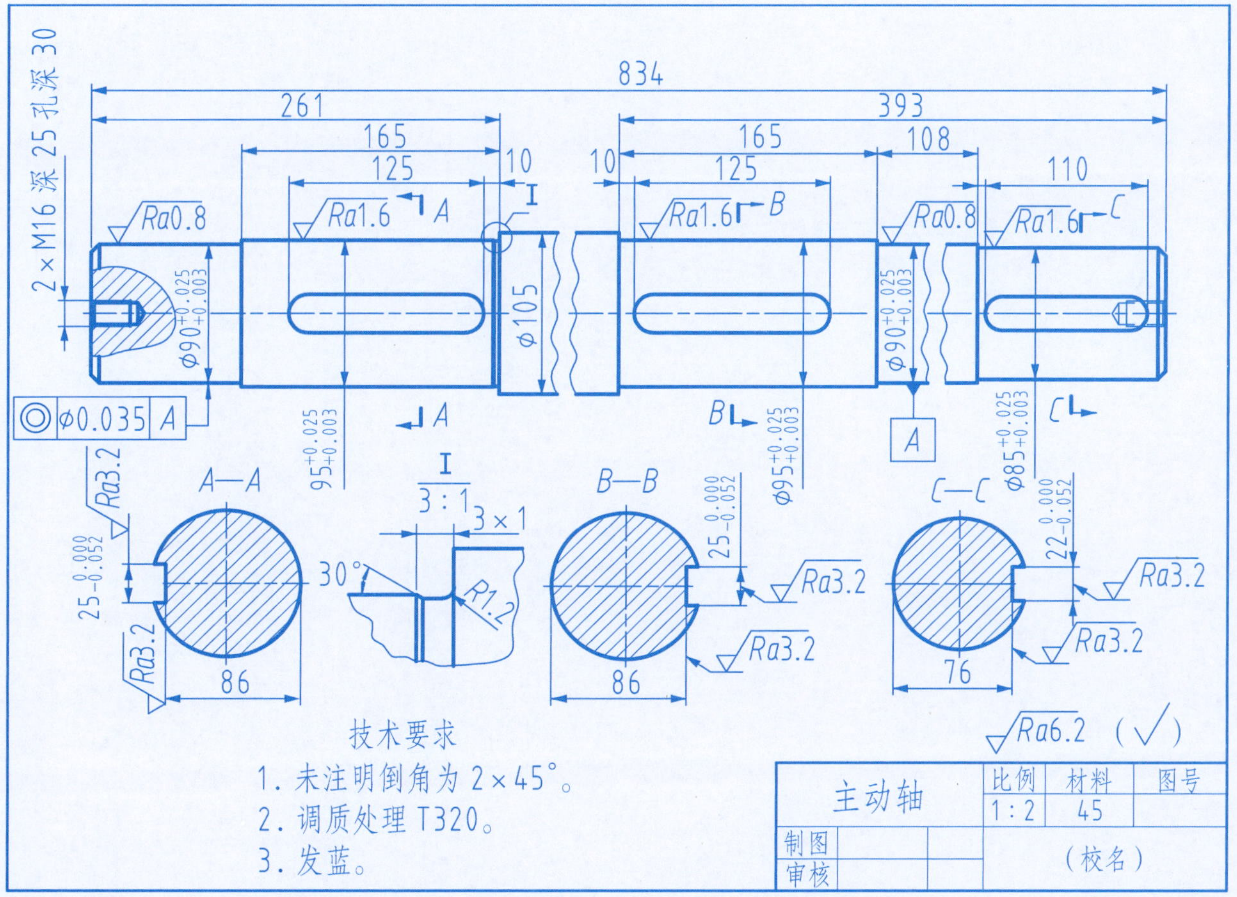

2. 读压盖零件图。

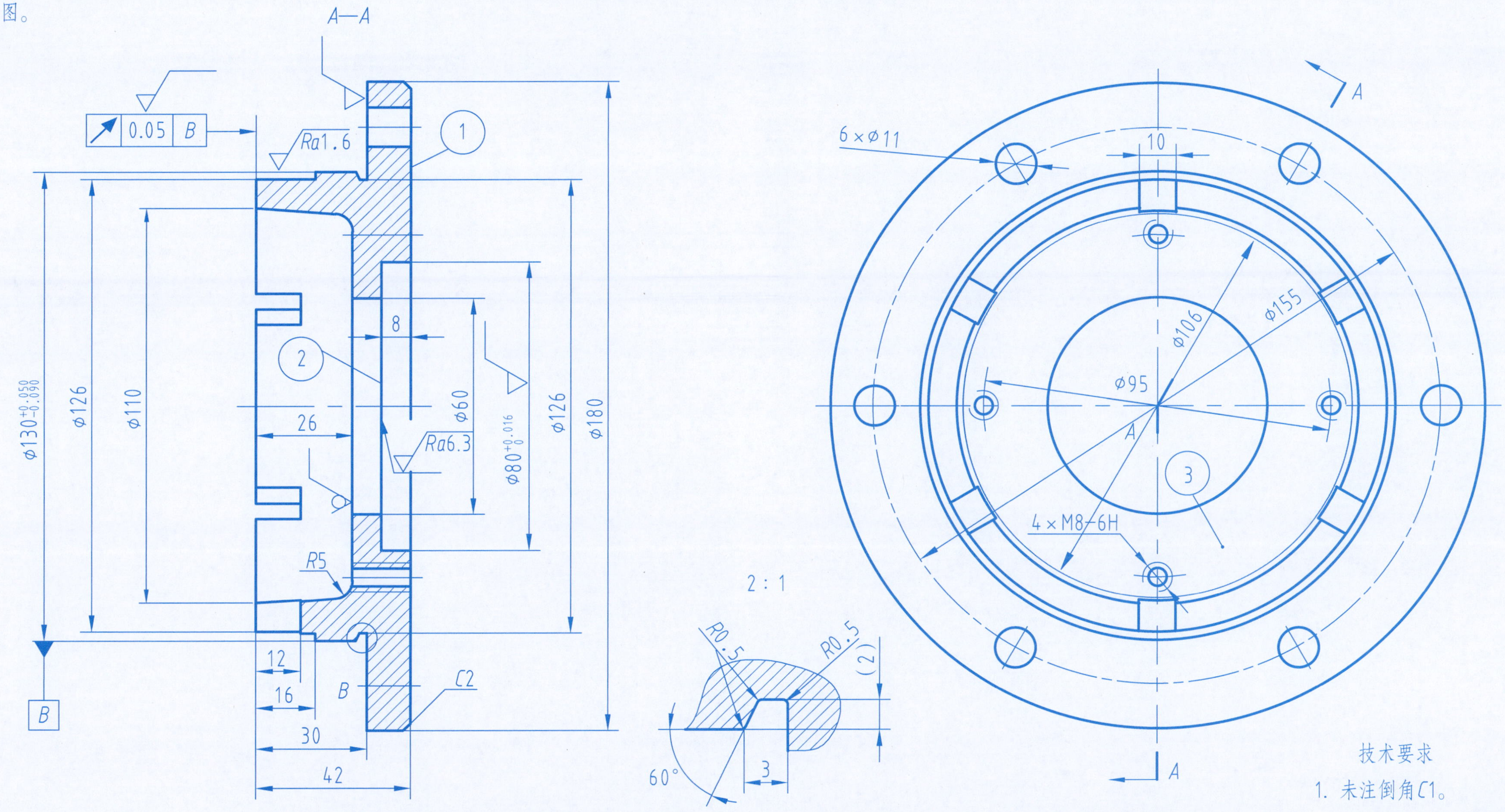

技术要求

1. 未注倒角C1。

2. $\sqrt{\ }$ = $\sqrt{Ra3.2}$

$\sqrt{Ra12.5}$ ($\sqrt{\ }$)

(1) φ130$^{+0.050}_{-0.090}$ 的上极限尺寸为____________，下极限尺寸为____________，公差值为____________。

(2) 图中，标有①、②表面的表面粗糙度 Ra 值分别为①__________，②__________；标有③表面的表面粗糙度符号为________。

(3) ↗ | 0.05 | B 的含义是____________________________________。

(4) 用指引线标出长、宽、高3个方向的尺寸基准。

(5) 图中标有6×φ11所指的孔的定形尺寸为____________，定位尺寸为____________。

压 盖			比 例	1:1.5	材 料	HT200
			数 量	1	图 号	
制 图			（校名）			
审 核						

3. 读套筒零件图。

（1）图中，标有①的部位，所指两条细虚线间的距离为__________；标有②的部位，所指的直径是__________。

（2）图中，标有③所指的线框，其定形尺寸为__________，定位尺寸为__________；标有④所指位置的表面粗糙度是__________。

（3）用指引线和文字标出长、宽、高 3 个方向的尺寸基准。

（4）零件上 16±0.1 的这段长度，其上极限尺寸是__________，下极限尺寸是__________，其左端面的表面粗糙度 *Ra* 值为__________。

（5）试解释 [◎|ϕ0.04|C] 的含义__________。

（6）在指定位置补画 *K* 向视图。

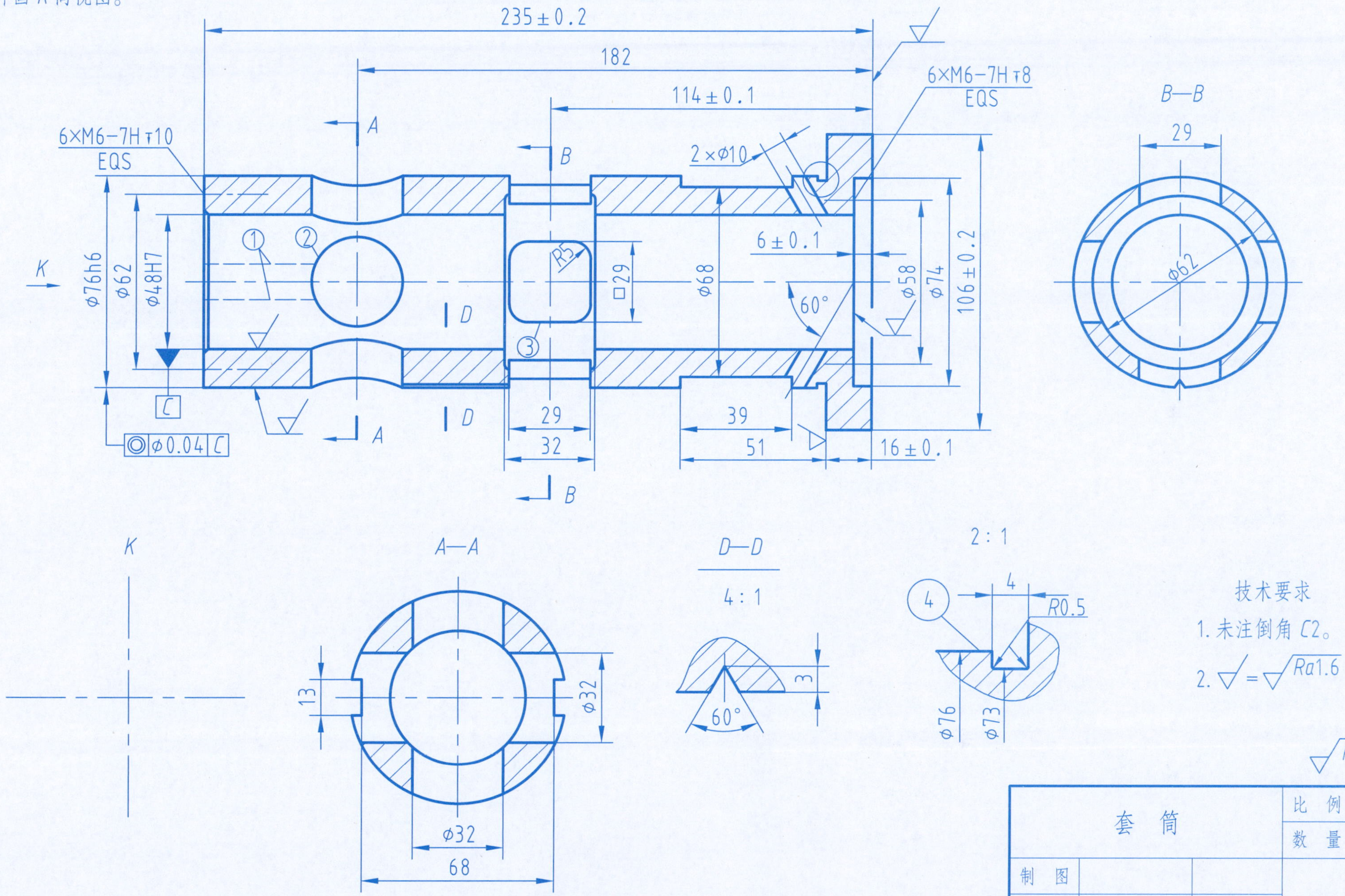

技术要求

1. 未注倒角 C2。

2. √ = √Ra1.6

√Ra6.3 (√)

套　筒		比　例	1:2	材　料	45
		数　量	1	图　号	
制　图			（校名）		
审　核					

4.读轴架零件图，完成填空题，在指定位置画出*A*—*A*剖视图，并在图中标出长、宽、高3个方向的主要尺寸基准。

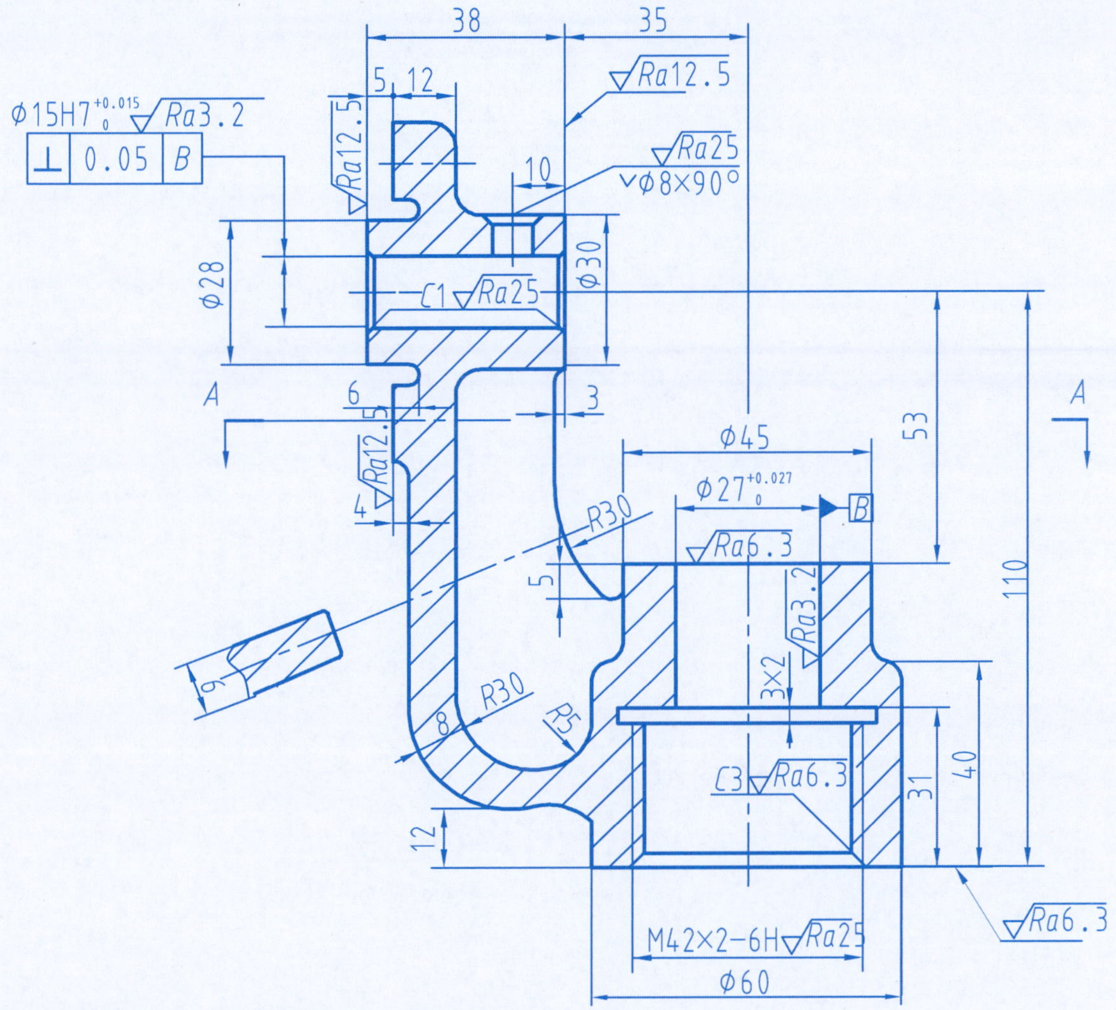

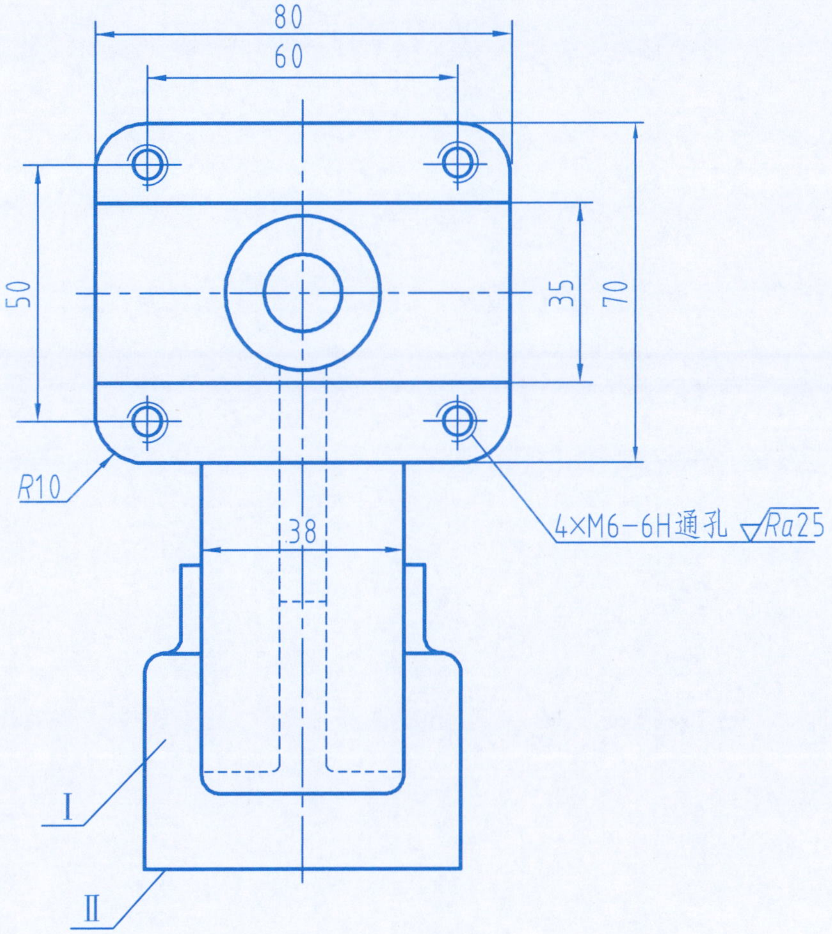

A—*A*

填空题：

（1）零件的名称是________，材料为________。

（2）主视图采用________剖视，剖切面通过______________。

（3）主视图中的断面图为________，所表达的结构是________，其厚度为________。

（4）M42×2-6H表示的是________结构的尺寸。

（5）ϕ15H7孔的定位尺寸是________，4×M6-6H的定位尺寸是________。

（6）I面的表面粗糙度代号为________，II面的表面粗糙度代号为________。

（7）在主视图上可看到ϕ28的左端面超出连接板，这是为了突出轴孔ϕ15H7的____面，而70×80连接板的中部做成凹槽是为了减少____面。

技术要求

1.未注圆角为*R*3～*R*5。

2.铸件不允许有砂眼、缩孔、裂纹等缺陷。

轴　架	比　例		材　料	HT200
	数　量	1	图　号	
制　图				
审　核				

5. 读座体零件图。

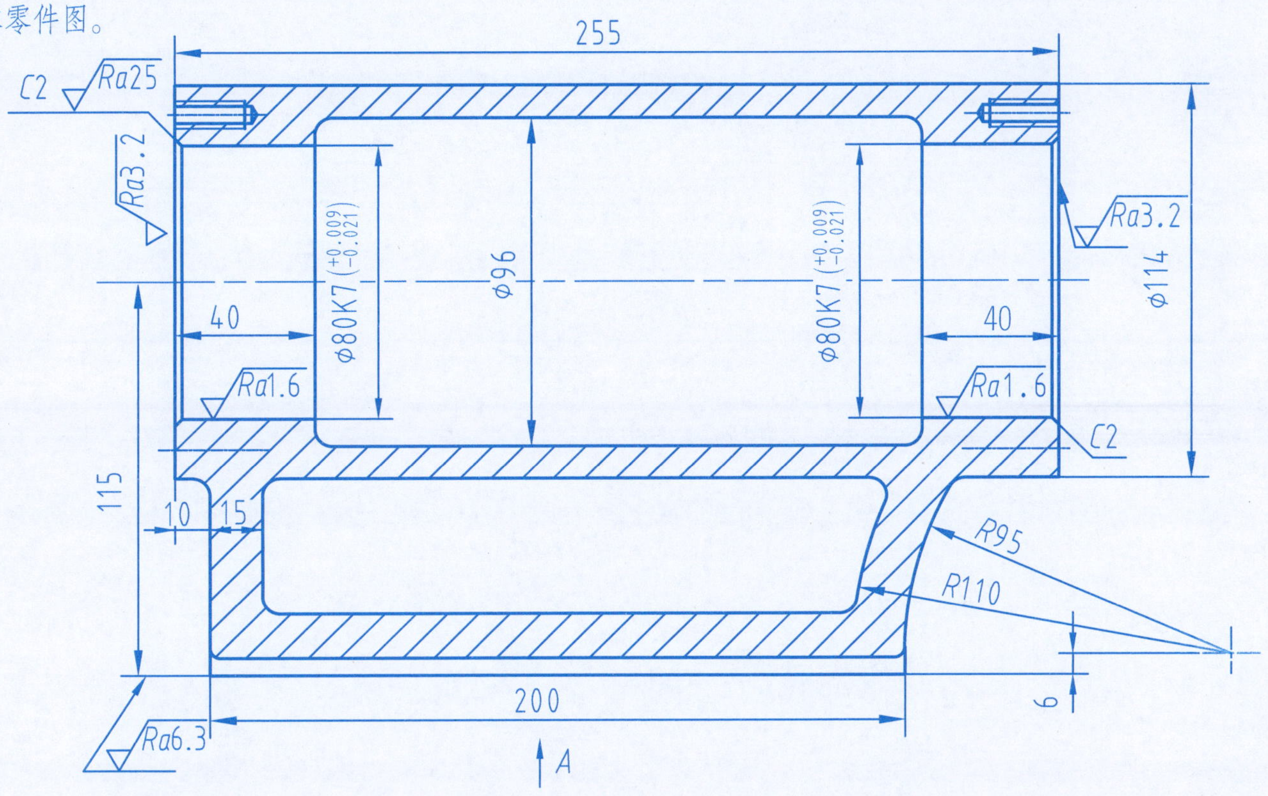

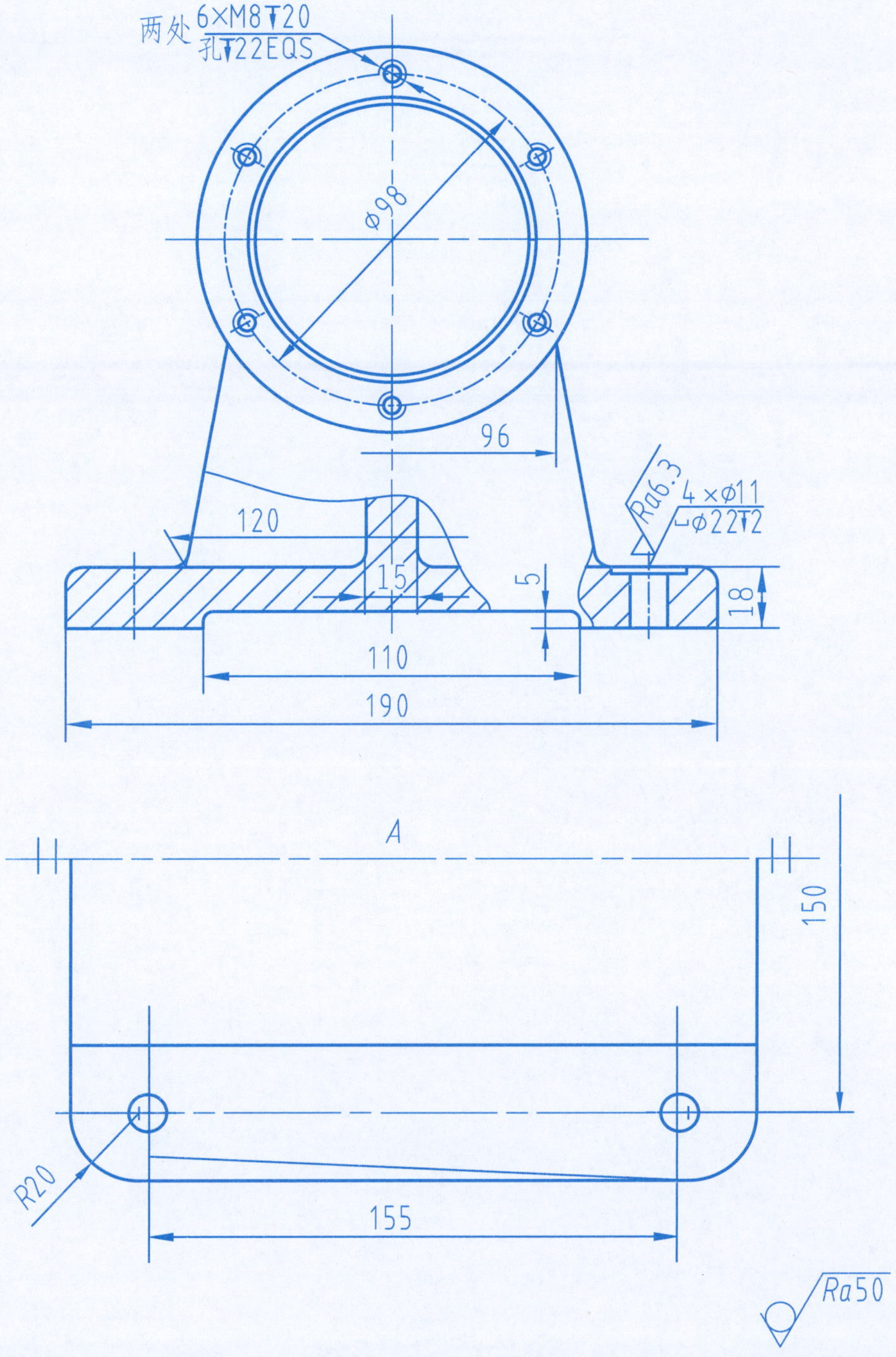

技术要求

1. 未注倒角C1，未注圆角R3～R5。
2. 主轴轴线与底面的平行度公差0.02。
3. 2×⌀80K7孔的同轴度公差0.05。
4. 两端面与⌀80K7孔轴线垂直度公差0.02。

(1) 图中标有公差要求的尺寸有__________个，⌀80K7的上极限尺寸为__________，下极限尺寸为__________，尺寸公差为__________。

(2) $\frac{6\times M8\downarrow 20}{孔\downarrow 22EQS}$ 的含义是____。

(3) 对零件的加工表面，其最光滑表面的表面粗糙度 Ra值为________，最粗糙表面的 Ra值为________。

(4) 用指引线标出长、宽、高3个方向的尺寸基准。

(5) 图中内螺纹M8的定位尺寸为____________；4×⌀11的定位尺寸为___________和___________。

(6) 座体的总长度为_______，总宽度为_______，总高度为________。

(7) 将技术要求中的几何公差，按规定的符号或代号标注到图样中。

		比 例	1:2	材 料	HT200
座 体		数 量	1	图 号	
制 图		(校名)			
审 核					

10.1　根据零件图画装配图	专业班级	学号	姓名	62

1. 拼画旋塞装配图。

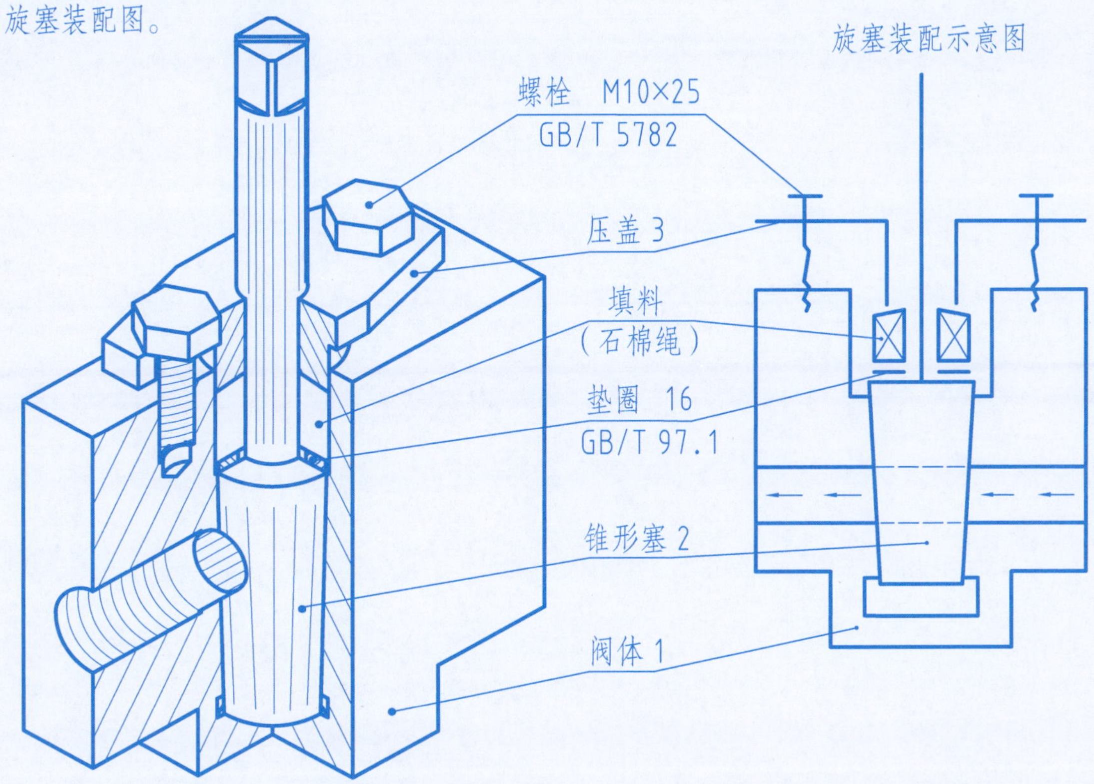

（1）作业要求：

参考旋塞的立体图和装配示意图，看懂给出的零件图，画出旋塞的装配图。

（2）旋塞阀工作原理：

左图是旋塞的立体图，它以螺纹联接于管道上，作为开关设备。其特点是开、关迅速。左图表明开的位置，开的位置在锥形塞顶部开有长槽作为标记。当旋塞旋转 90°后，长槽处于和管道垂直位置，表明已关闭。为了防止泄漏，在锥形塞与阀体间充填填料（石棉绳），并用压盖压紧（填料压紧后的高度约为 12 mm）。压紧后要求达到密封可靠，且锥形塞转动灵活。

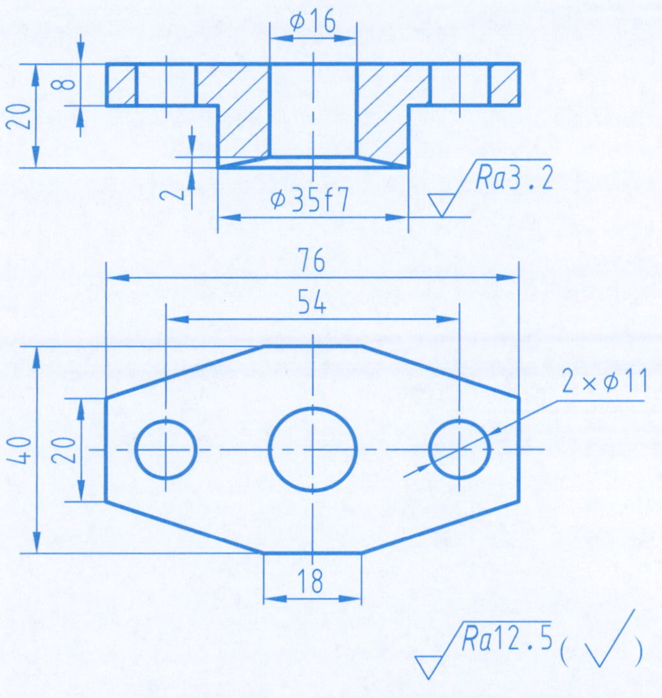

压盖	比例	数　量	材　料	序号
		1	HT200	03

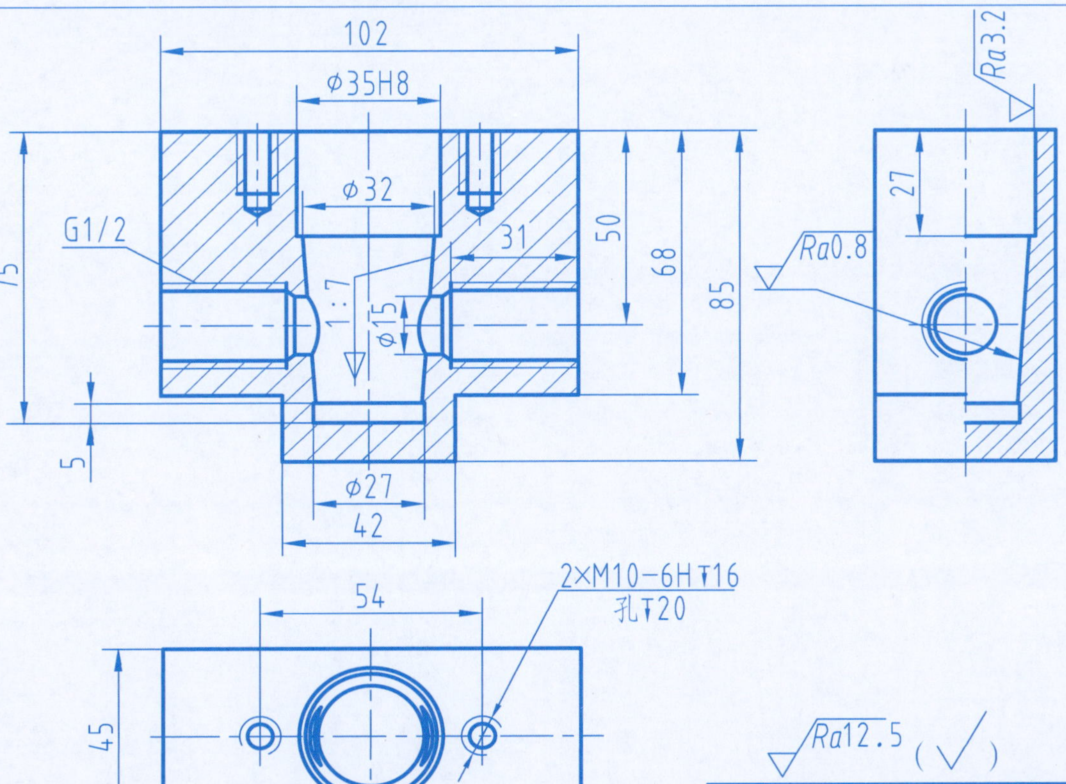

阀体	比例	数　量	材　料	序号
		1	HT200	01

解题指导

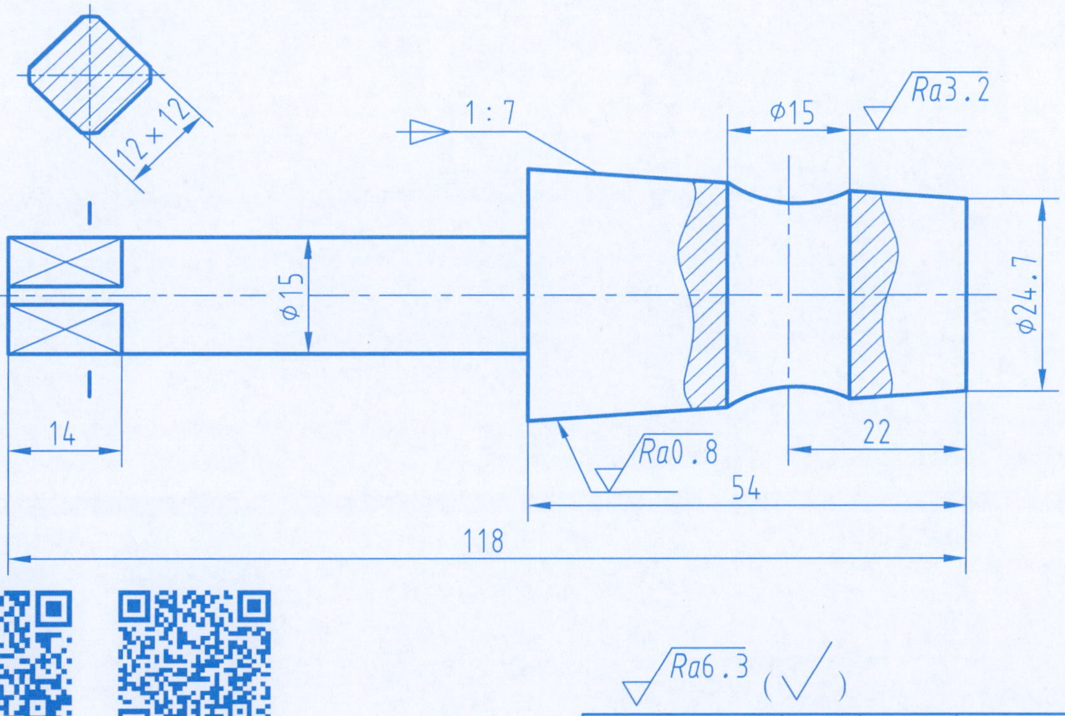

锥形塞	比例	数　量	材　料	序号
		1	45	02

6				
5				
4				
3				
2				
1				
序号	名　称	件数	材　料	备　注

			比例	1 : 1	
			数量		
制图			质量		共　张 第　张
描图					
审核					

2. 根据导向滑车零件图，绘制装配图。

(1) 导向滑车装配示意图。

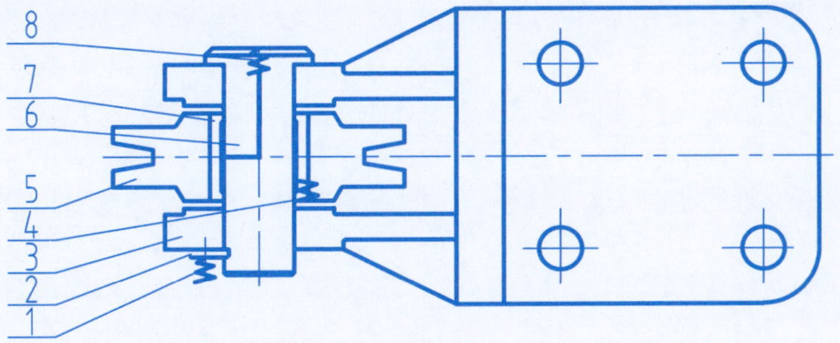

(2) 工作原理：

滑车用于运输装置上以保持钢索的方向。钢索放在绕轮 5 的槽中，绕轮与衬套 7 在组装后，通过骑缝钻孔攻丝实现螺钉 4 的紧固，合并成为绕心轴 6 旋转的整体。心轴 6 通过螺栓 1 及心轴架 2 固定在支架 3 上。心轴中心有润滑油通道，通过衬套 7 及心轴 6 上制造的储油槽实现润滑。螺钉 8 封堵润滑油添加口。

序号	名称	数量
1	螺栓 M8×18 GB/T5780	2
2	心轴架	1
3	支架	1
4	紧定螺钉 M6×16 GB/T73	1
5	绕轮	1
6	心轴	1
7	衬套	1
8	紧定螺钉 M12×14 GB/T73	1

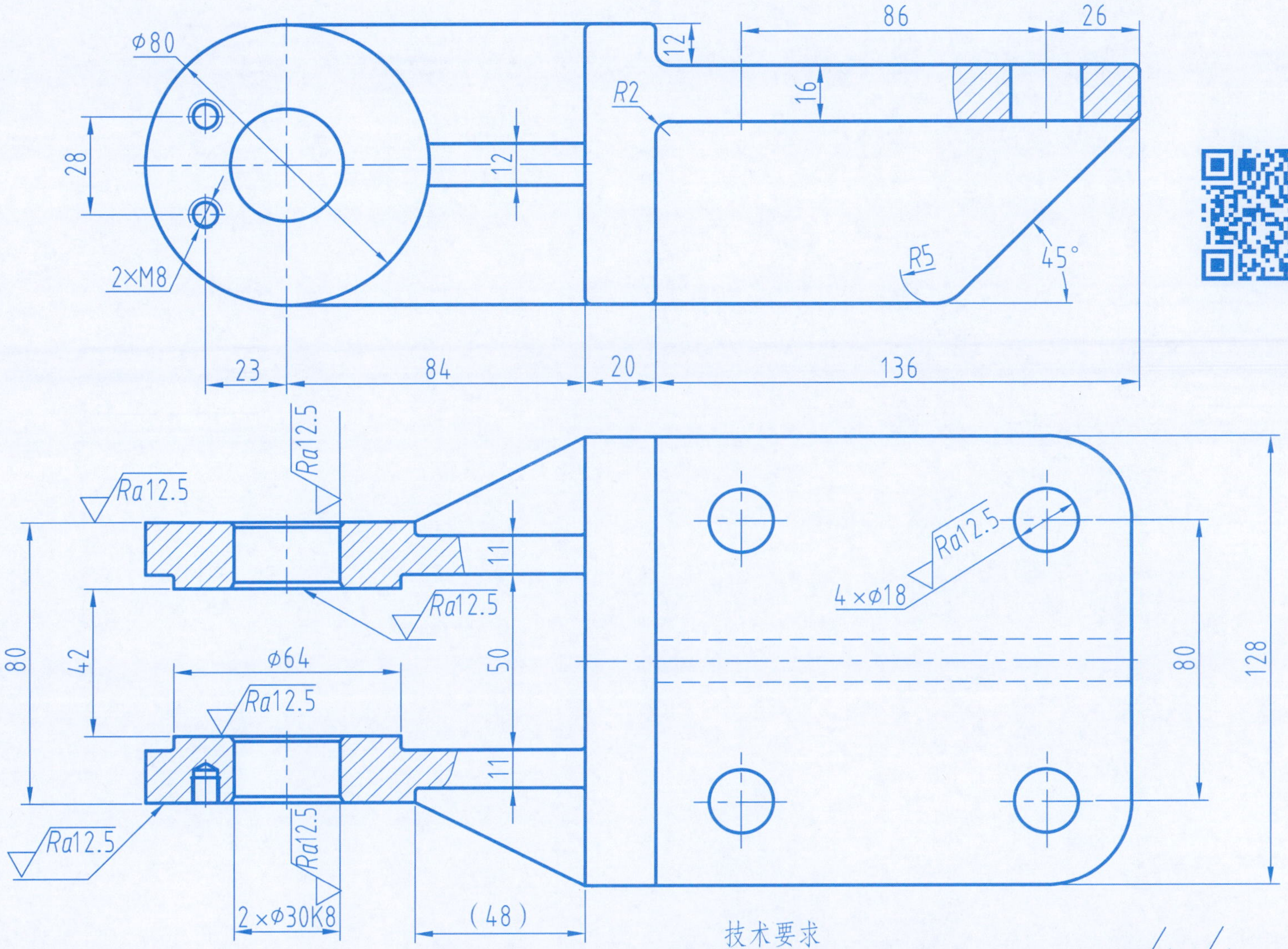

技术要求

1. 铸件需时效处理。
2. 未注圆角 R2，未注倒角 1×45°。
3. 未注尺寸公差按 IT14。

$\sqrt{}$ ($\sqrt{}$)

支架	序号	比例	数量	材料
	3	1:2	1	HT150

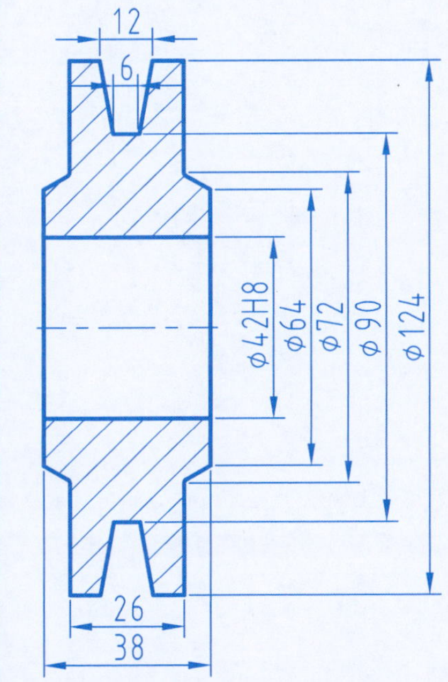

技术要求

1. 铸件需时效处理。
2. 未注圆角 R2。

绕轮	序号	比例	数量	材料
	5	1:2	1	HT150

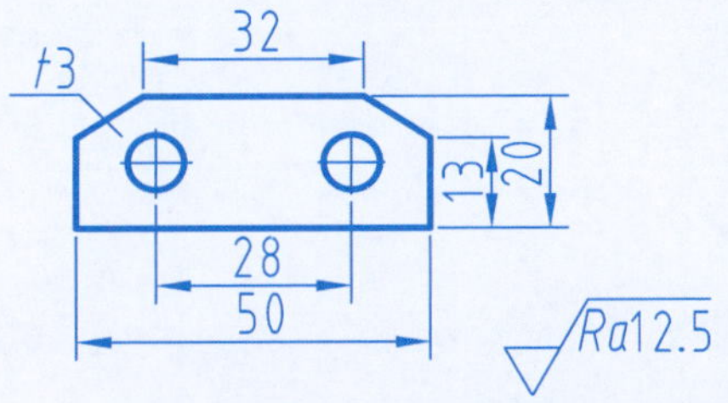

心轴架	序号	比例	数量	材料
	2	1:2	1	Q235-A

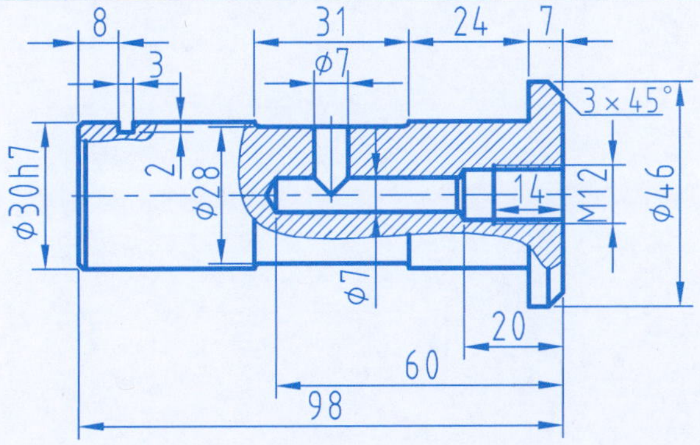

技术要求

1. 未注倒角 1×45°。
2. 未注尺寸公差按 IT14 级。
3. 表面氧化处理。

$\sqrt{Ra12.5}$

心轴	序号	比例	数量	材料
	6	1:2	1	35

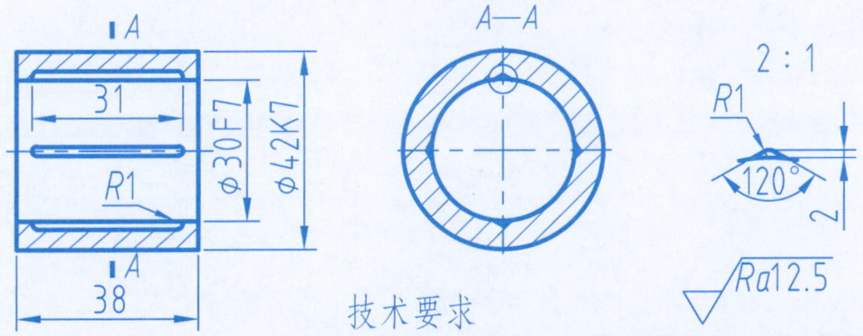

技术要求

1. 铸件需时效处理。
2. 未注倒角 1×45°。

衬套	序号	比例	数量	材料
	7	1:2	1	HT200

8				
7				
6				
5				
4				
3				
2				
1				
序号	名 称	件数	材 料	备 注

		比例	1 : 2		
		数量			
制图		质量		共 张 第 张	
描图					
审核					

1. 分析换向阀工作原理，完成填空，并在指定位置绘制阀体的零件图。

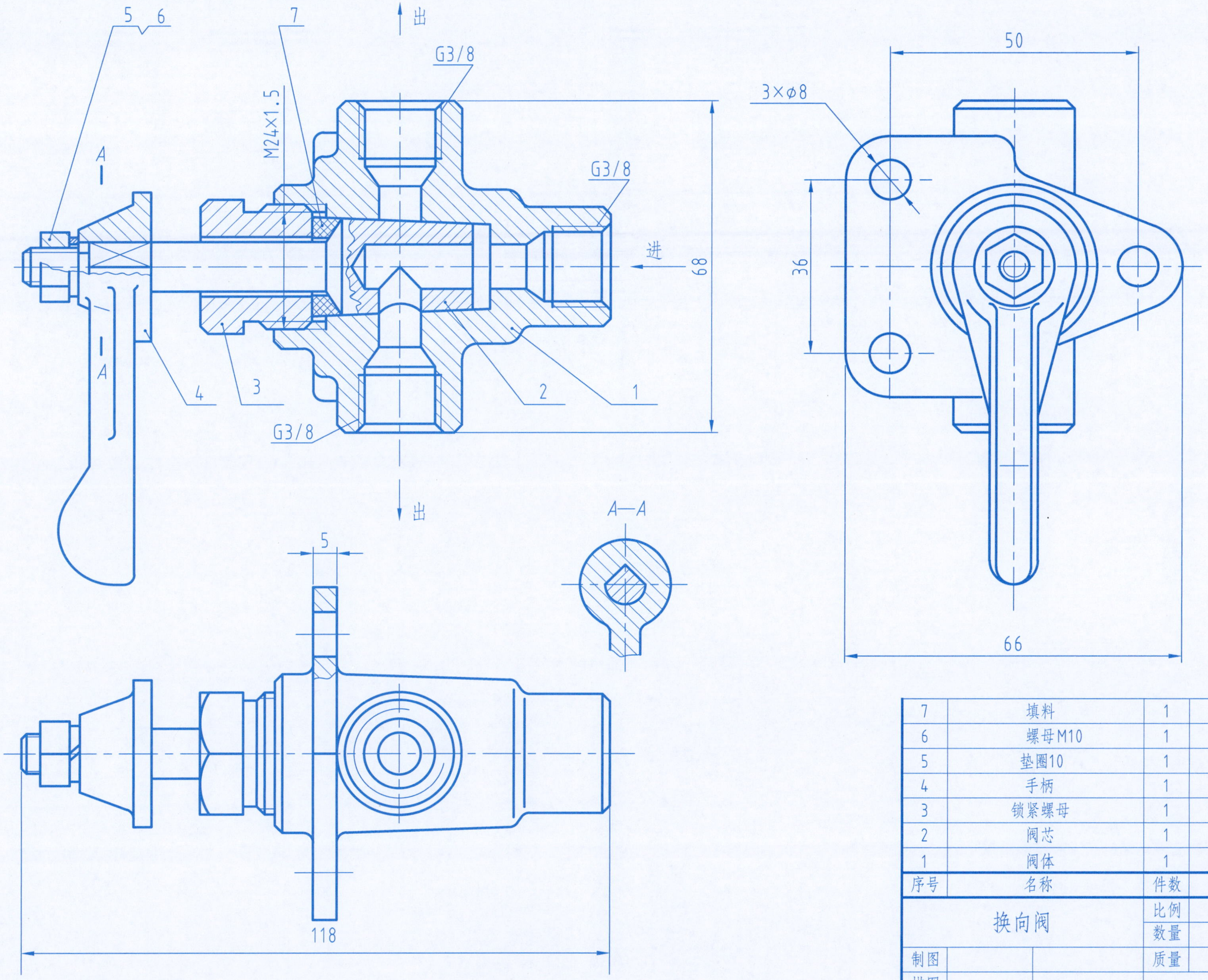

序号	名称	件数	材料	备注
7	填料	1	石棉	
6	螺母M10	1	Q235	GB/T 6170
5	垫圈10	1	65Mn	GB/T 93
4	手柄	1	HT200	
3	锁紧螺母	1	HT200	
2	阀芯	1	Q235	
1	阀体	1	HT200	

换向阀		比例	1:2	
		数量		
制图		质量		共　张 第　张
描图				
审核				

工作原理：

本换向阀主要用于流体管路中控制____________的输出方向。在图示情况下，________由右边进入，因上出口不通，只能从_______出口流出。当转动手柄（件号_________），使阀芯（件号 2）旋转______°时，则下出口不通，从而改从上出口流出。根据手柄转动的角度不同，还可调节出口处的____________________________。

阀　体			比例	1∶1	
			数量		
制图			质量		共　张 第　张
描图					
审核					

2. 读懂镜头架装配图，完成填空，并拆画调节齿轮零件图。

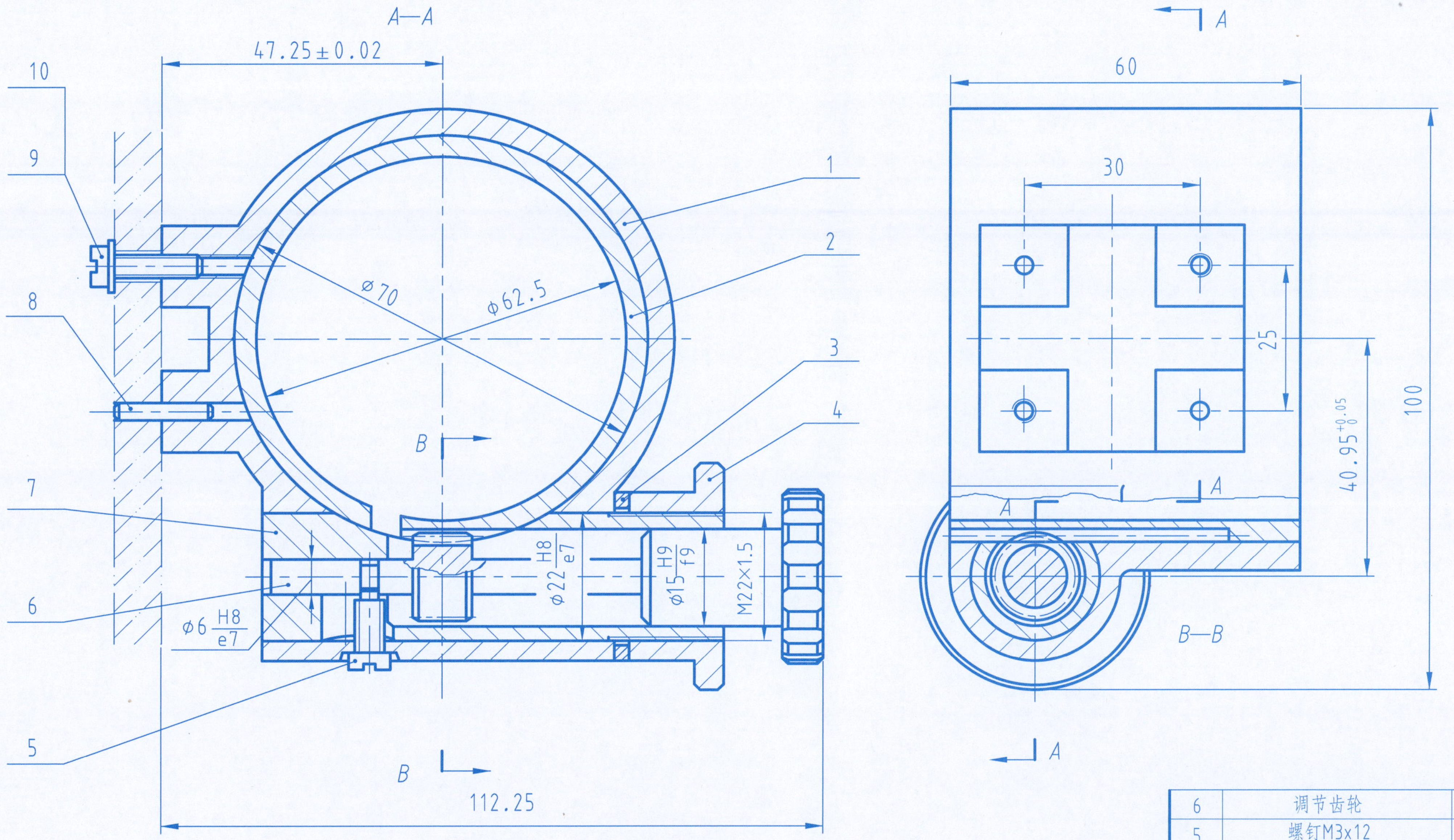

序号	名称	件数	材料	备注
10	垫圈4	2	Q235	GB/T 97.1
9	螺栓M4×18	2	Q235	GB/T 67
8	销	2	35	GB/T 119.1
7	锁紧套	1	LY12	
6	调节齿轮	1	45	
5	螺钉M3x12	1	Q235	GB/T 67改制
4	锁紧螺母	1	LY12	
3	垫圈	1	Q235	
2	内衬圈	1	ZL3	
1	架体	1	ZL3	

镜头架		比例	1:1	
		数量		
制图		质量		共　张　第　张
描图				
审核				

（1）镜头架包含________个零件，其中标准件有_______种，件号______________的标准件进行了改制，改制部位在________部。

（2）装配图中，尺寸ϕ15H9/f9 是_________尺寸；30，25 是_________尺寸；100 是__________尺寸；$40.95^{+0.05}_{0}$是________尺寸。

（3）尺寸ϕ22H8/e7 中，H8 是__________，e7 是_________，它们属于基________制_________配合。

（4）内衬圈 2 的材料是__________，锁紧螺母的材料是__________，调节齿轮的材料是 ___________，销的材料是___________。

（5）主视图 *A—A* 是___________剖视，*B—B* 是___________剖视。

（6）左视图中，螺钉孔与销钉孔均成____________分布，便于保证镜头架与连接件联接的准确无误。

调节齿轮			比例		
			数量		
制图			质量		共　张　第　张
描图					
审核					

3. 读懂柱塞泵装配图，完成填空，并拆画泵体零件图。

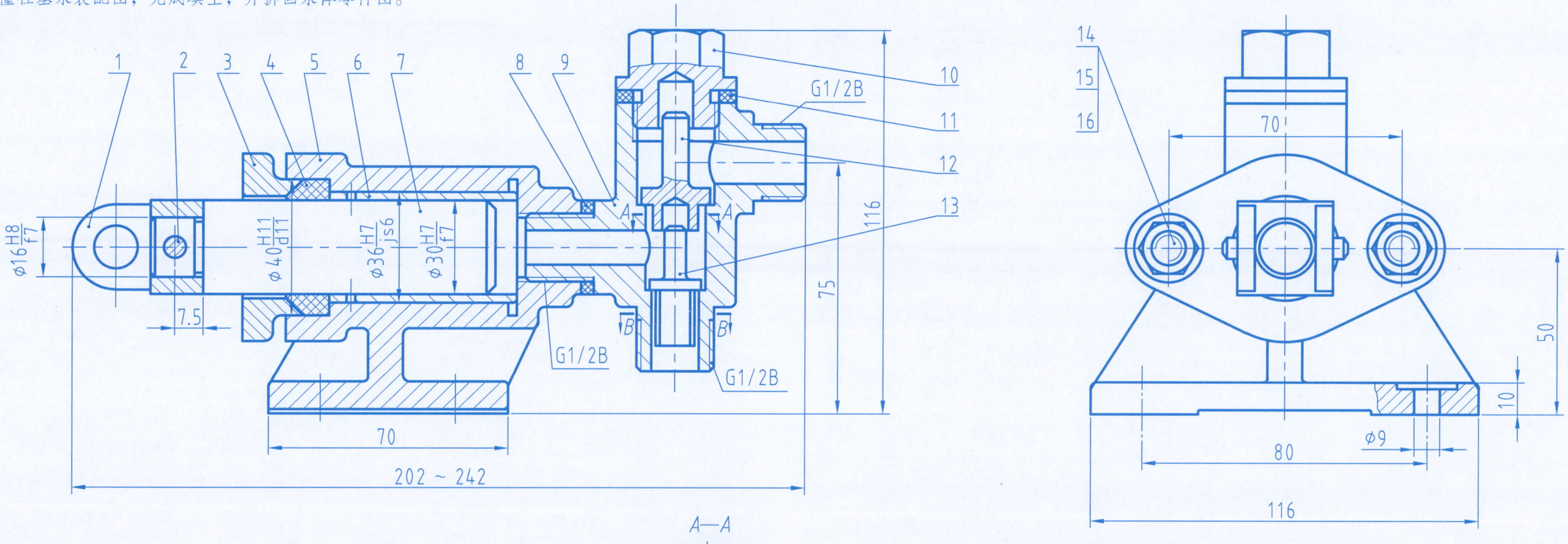

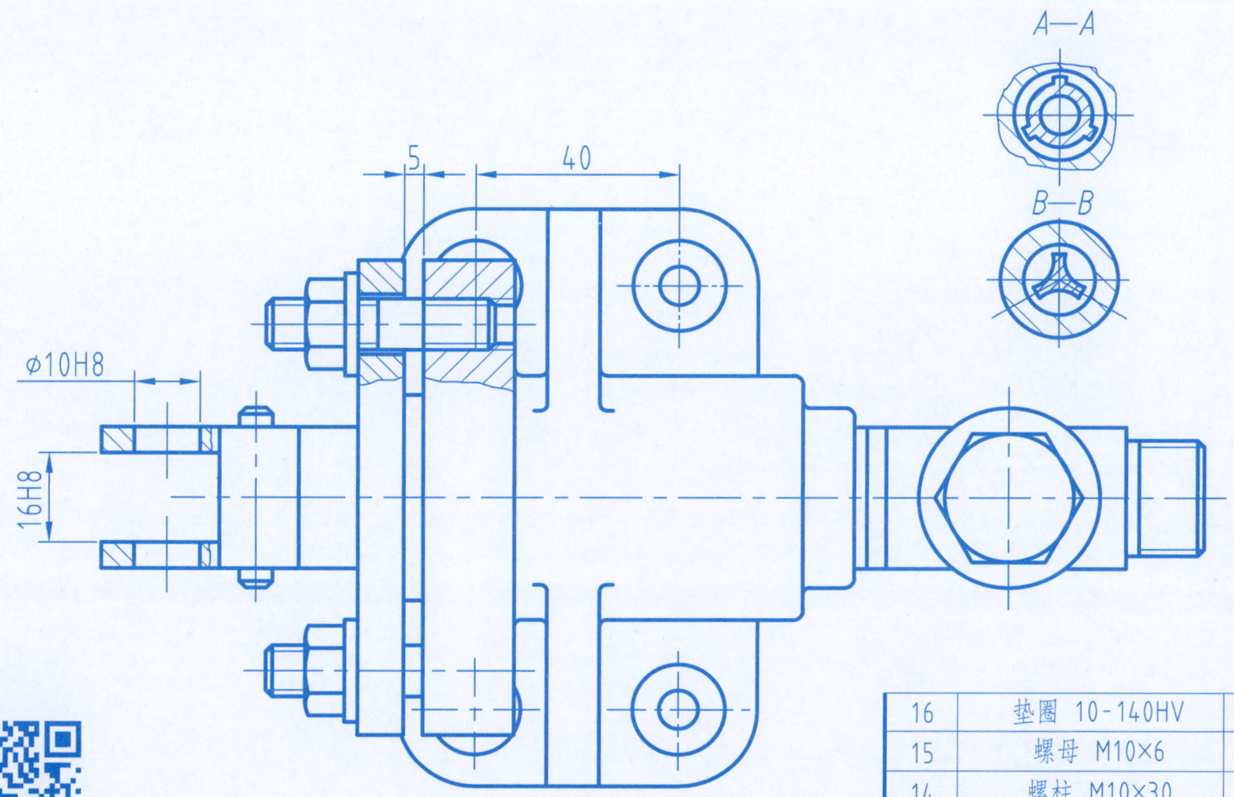

序号	名　称	件数	材料	备　注
11	垫片	1	纸珀	
10	螺塞	1	Q235-A	
9	管接头	1	HT200	
8	垫片	1	纸珀	
7	柱塞	1	45	
6	衬套	1	ZCuZn38Mn2Pb2	
5	泵体	1	HT200	
4	填料		油麻绳	
3	压盖	1	HT150	
2	销 A5×30	1	35	GB/T 117
1	连套	1	45	
16	垫圈 10-140HV	2		GB/T 97.1
15	螺母 M10×6	2		GB/T 6170
14	螺柱 M10×30	2		GB/T 89
13	下阀瓣	1	ZCuZn38Mn2Pb2	
12	上阀瓣	1	ZCuZn38Mn2Pb2	

柱塞泵		比例	1:1
		数量	
制图		质量	共　张　第　张
描图			
审核			

（1）连套 1 通过销 2 将往复运动传递给柱塞 7。柱塞往左运动时，衬套 6 及管接头 9 的内腔形成______区，下阀瓣 13 向______运动，打开进油口形成______油；柱塞往右运动时，衬套 6 及管接头 9 内的油被压缩，在油压力作用下，下阀瓣______、上阀瓣______，油通过管接头 9 的上部出口向外______油。随着连套 1 传递给柱塞 7 的______往复进行，柱塞泵完成吸油压油的供油工作。柱塞在完成吸油和压油工作时，压盖 3 和泵体 5 通过件号 14，15，16 的螺柱联接，将填料 4 轴向压缩，抱紧______形成柱塞泵的轴向密封。泵体 5 与管接头 9 通过垫片 8 实现______，螺塞 10 与管接头 9 通过______实现密封。为提升柱塞泵的寿命、减少维护成本，使用______配合柱塞 7 的往复运动。

（2）进入油腔的油路通道尺寸为______，通道的连接是______密封的管螺纹，其大径为______mm。

（3）螺塞 10 的螺纹通常选择______螺纹，结合管接头 9 的螺纹特点，以______设计为宜。

（4）柱塞泵在安装中，应使用公称直径为______mm 的螺纹紧固件，数量为______颗。种类通常是______和______。根据柱塞泵的自身特点，不宜使用______安装联接。

（5）上下阀瓣的横断面形状通过______、______断面图进行了表达，显示出流体流动对______的不同需求。

泵　体			比例	1:1	
			数量		
制图			质量		共　张 第　张
描图					
审核					

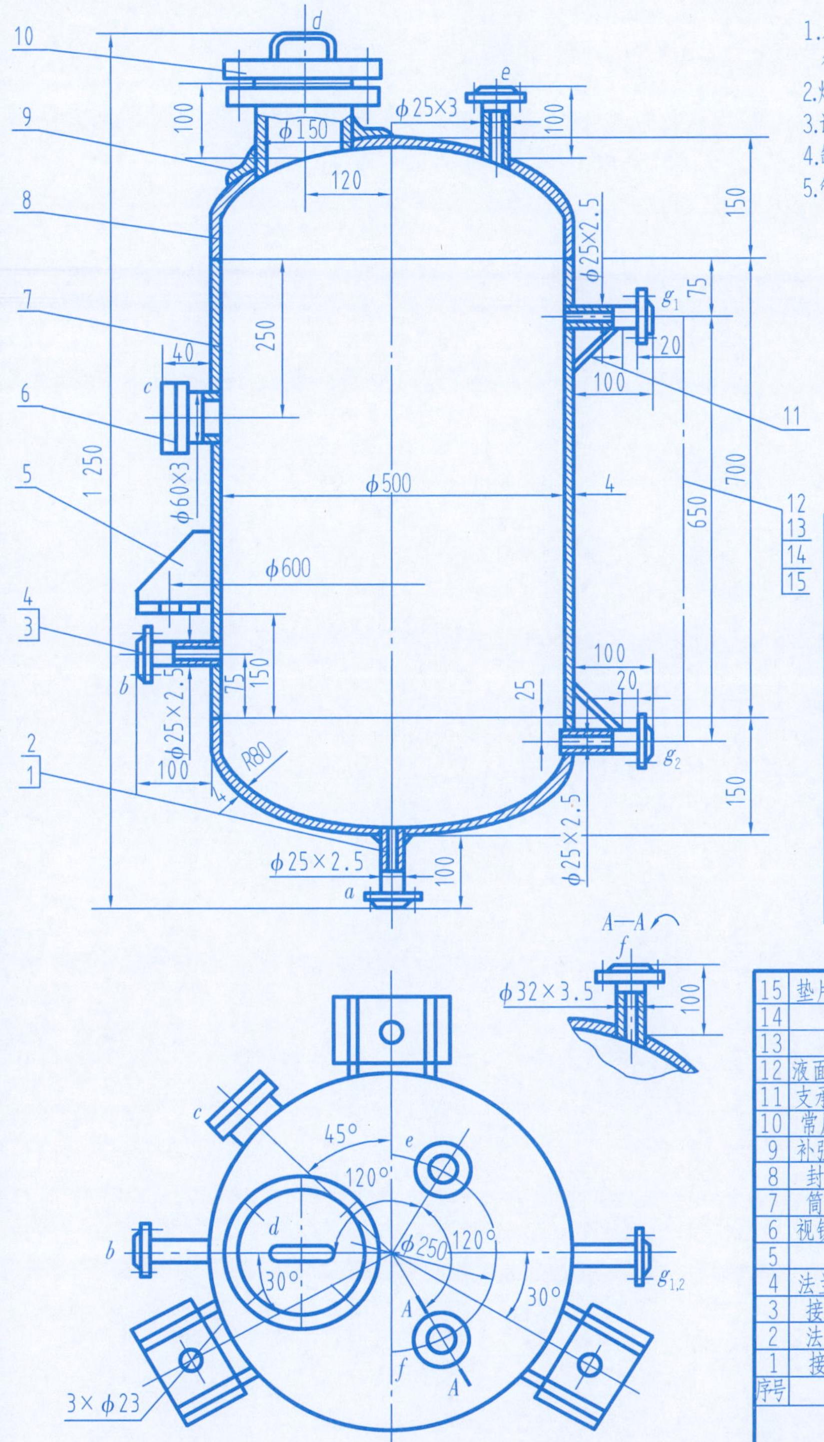

技术要求

1.本设备按GB/T 150钢制焊接常压容器技术条件进行制造、试验和验收

2.焊接采用电焊。所选用焊条型号为奥132和结422。

3.设备制造完毕后，盛水试漏。

4.罐体外表面应涂红丹二度。

5.管口及支座方位如俯视图所示。

技术特征表

名 称	指 标
设计压力/MPa	常压
设计温度/℃	常温
物料名称	甲醛
全容积/m^3	0.19
焊缝系数/ϕ	0.6

管口表

符 号	公称尺寸	联接尺寸标准	联接面形式	用途或名称
a	20	HGJ 45 DN20 PN10	平面	物料出口
b	15	HGJ 45 DN15 PN10	平面	取样口
c	60	DN60 PN6	平面	视镜
d	150	HGJ 45 DN20 PN10	平面	手孔
e	20	HGJ 45 DN20 PN16	平面	放空
f	25	HGJ 45 DN20 PN16	平面	物料入口
$g_{1,2}$	25	HGJ 45 DN20 PN10	平面	液面计口

序号	名 称	数量	材 料	备 注
15	垫片φ58×2.5×2	2	石棉橡胶	GB/T 97.1
14	螺栓M12	8	Q235	GB/T 5782
13	螺母M12	8	Q235	GB/T 6170
12	液面计DAII PN16	1		HG 277
11	支承4×20L=150	2	Q235	
10	常压手孔DN150	1	1Cr18Ni9Ti	JB 588
9	补强圈DN150t=4	1	Q235	JB 1207
8	封头DN500×4	2	1Cr18Ni9Ti	JB 1154
7	筒体DN500×4	1	1Cr18Ni9Ti	
6	视镜DN60×3 PN6	1		JB 594
5	支座	3	Q235	JB 1165
4	法兰DN15 PN10	1	1Cr18Ni9Ti	HGJ 45
3	接管φ25×2.5	1	1Cr18Ni9Ti	
2	法兰DN20 PN10	5	1Cr18Ni9Ti	HGJ 45—1991
1	接管φ25×2.5	5	1Cr18Ni9Ti	

计量罐		比例			
		数量			
制图		质量	61 kg	共 张	第 张
描图		四川理工学院			
审核					

阅读左侧化工设备图，回答下列问题：

（1）该设备的名称是计量罐，它由____种零部件组成。其设计压力为______，设计温度为______。物料是_____；计量罐上有___个接管，其各管的用途见_____所列。

（2）计量罐装配图除采用主视图和俯视图为基本视图外，还有_________。主视图采用全剖视，以表达计量罐的主要______、接管口、支承座，以及零部件所处的______位置、装配情况和结构尺寸。俯视图用以表达各管口的周向______和计量罐的安装位置及尺寸。A—A局部剖视图为补充表达接管的结构和_______，其功能为物料____口。

（3）悬挂式支座5焊接在筒体上，支座的装配位置可由主视图及俯视图上标注的尺寸______和________________________________来确定。

（4）从技术要求中可知：该设备规定应按_________钢制焊接常压容器技术条件进行制造、试验和验收。并对焊接_____、焊接______提出了要求。通常该设备除要求进行盛水试漏，还需进行_______试验。

（5）筒体与封头采用________连接，焊缝的焊接要求在技术要求中已详细说明。同时，筒体和封头与设备法兰的连接也采用焊接结构。

（6）该设备手孔的密封面形式是_____________密封，属于_____________手孔，口径为_________。

（7）支座材料Q235在企业中俗称为______钢。

（8）筒体材料_________在企业中俗称为______钢材料。

1.读焊接图，完成下列填空：

（1）挂架由____个金属构件焊接而成，金属构件的材料为____。

（2）说明图中符号的含义：

①件1和件2之间的焊接符号为____，其含义为____。

②件1与件3之间的焊接符号为____，其含义为____。

③件3与件4之间的焊接符号为____，其含义为____。

④件2与件3之间的焊接符号为____，其含义为____。

⑤件2与件4之间的焊接符号为____，其含义为____。

（3）挂架焊接成形后需经机械加工，除需钻直径为20mm的圆孔外，还需钻直径为____mm的孔____个。此外，还有____个平面需要加工。

（4）在挂架的加工表面中，要求最光洁的表面粗糙度代号为____。

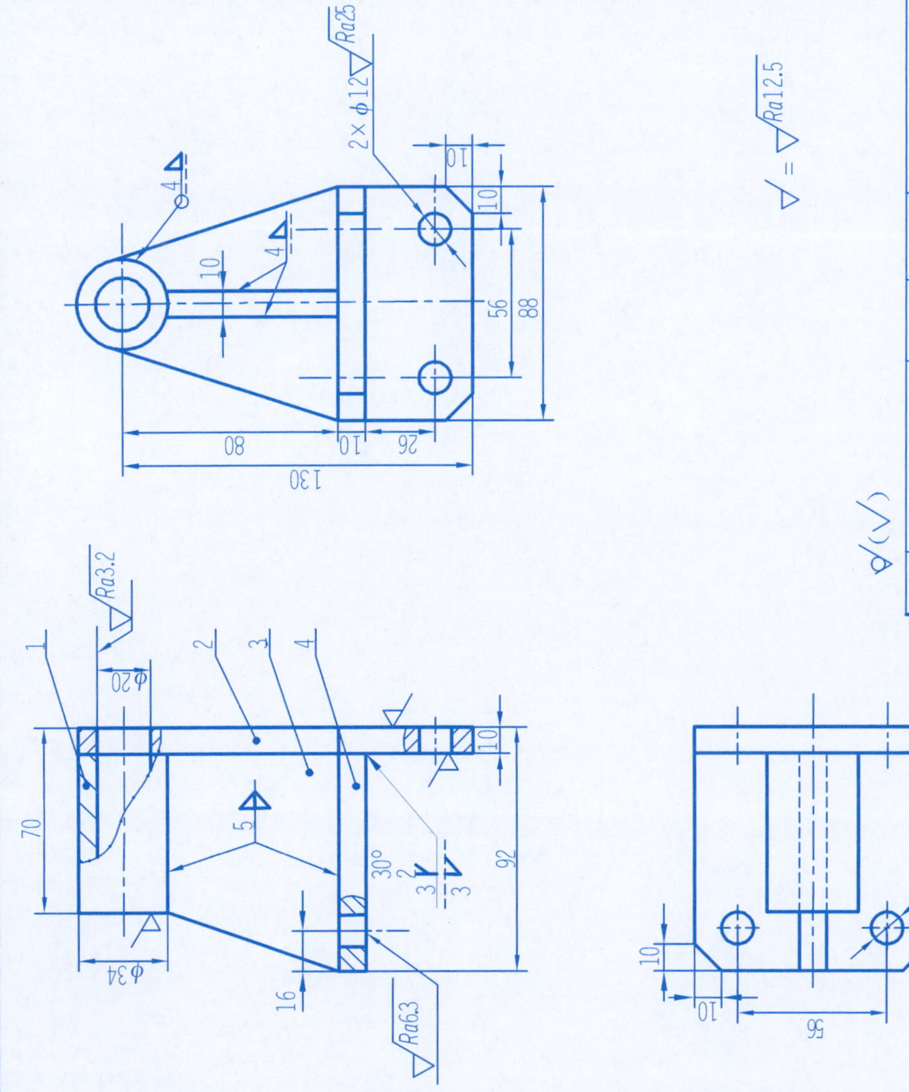

序号	名称	数量	材料	备注
4	横板	1	Q235A	
3	肋板	1	Q235A	
2	竖板	1	Q235A	
1	圆筒	1	Q235A	

挂架	比例	1:2	共 张 第 张	（图号）
制图	（姓名）	（日期）	（单位）	
审核	（姓名）	（日期）		

2.画漏斗的展开图。

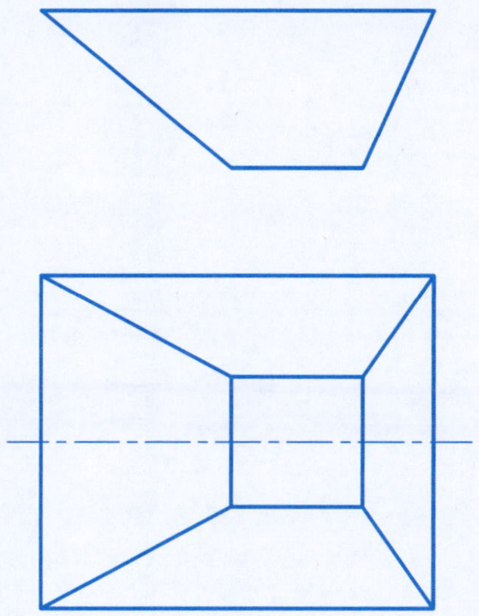

3.作出截头圆管的展开图。

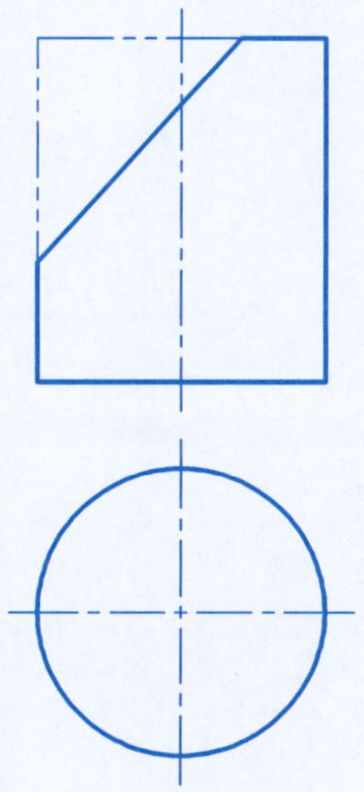